空」。《花溪日記》記咸豐十年（一八六〇），「海寧潮水大溢，廿里亭十餘里海塘崩，河水頓鹹，時將秋收，禾稼無害」。其時，海塘失修，太平軍亂，列強入侵，清廷内外交困，無暇顧及海塘事務。洎同治十三年（一八七四），時浙江巡撫楊昌濬奏請分三限（期）建築念里亭中段大口門石塘，初限即於任内完成。後李輔耀以浙江候補督辦海塘，於光緒六年（一八八〇）年完成二、三限工程。《海寧念汛大口門二限三限石塘圖説》即李輔耀督辦石塘工程的系統總結。是書將海塘修築的每一個工程步驟，乃至施工器具，一一述明，繪圖三十四幅，幅系以説，爲歷代海塘修築專書中少有，具有珍貴的史料價值。

因《河工器具圖説》與《海寧石塘圖説》皆爲我國古代著名水利學著作，故今將兩書合爲一編出版，其中前者以道光十六年刻本、後者以光緒七年刊本影印。

浙江人民美術出版社

二〇一五年八月

目録

河工器具圖説
序 三
總目 七
卷一宣防器具 九
卷二修濬器具 八七
卷三搶護器具 一七一
卷四儲備器具 二五七
跋 三二七
海寧石塘圖説
奏摺 三三五
上樁木圖 三四五
上條石圖 三四九
上石灰圖 三五三
開槽清底圖 三五七
築子塘圖 三六一
子塘釘護樁圖 三六五
搭樁架圖 三六九
槽内車水圖 三七三
刯樁圖 三七七
揉樁圖 三八一
上夯樁圖 三八五
下夯樁圖 三八九
填嵌樁花圖 三九三
鏨鑿條石圖 三九七
發灰打油灰圖 四〇一
機器鑚簫筍眼圖 四〇五
安砌鋪底第一層圖 四〇九
機器鑚朝天筍眼圖 四一三
安砌順石圖 四一七
安砌丁石圖 四二一
安砌面石圖 四二五

築坿土圖　四二九
填溝槽圖　四三三
築行路圖　四三七
築土堰圖　四四一
全塘工竣圖　四四五
鐵簫筍圖　四四九
鐵錠鋦圖　四五三
土夫器具圖　四五七
木廠器具圖　四六一
樁架夫器具圖　四六五
擡班夫器具圖　四六九
灰廠器具圖　四七三
石匠器具圖　四七七
跋　四八一

道光丙申鐫

河工器具圖說

南河節署藏板

河工器具圖說序

嘗聞形上者道形下者器器非特各適其用而已通乎器之爲用而道該焉審乎道之所存而器具焉水火金木土穀日用行習之道卽日用行習之器道離乎器則不行器離乎道則不明一物一名何莫非至理之所寓哉道光乙酉春麟慶

仰蒙

恩擢分巡梁宋諸名郡繭絲之政繁而保障之責尤重竊以爲聰聽祖彝習聞庭訓近復歷守新安潁川二郡於治譜倘有眞承而於河防則茫無門徑恒惴惴焉時懼勿克勝任爰陳治河諸書博觀約取周歷工所互證參稽親歷十有五汛安瀾

幸報已丑冬改官豫臬尋晉黔藩巡撫楚北癸巳秋仲奉
命承乏南河洪湖運道工險政繁海口江防地廣任重每莅一工
治一事率循成案謹慎宣防凡遇幕僚將佐練達河務者不
憚虛衷延訪越今三載而後知古今殊勢執陳説不足以圖
功也南北異宜就一隅不足以定論也且夫古之治河者大
禹尚矣厥後始於賈讓詳於賈魯大備於潘季馴至我
朝靳文襄公攬全河於在握彙羣策以成謀筆之於書陳之於
牘大言炎炎百餘年來宣防修守罔有出其範圍於此而欲
逞私智而掠美言不幾貽續貂之誚乎顧孔子云欲善其事
先利其器嘗於祁寒暑雨周歷河壖每遇一器必詳問而深

考之有專爲乎工而別立主名者有不專爲乎工而修而兼
用者有類於古而實創自今者有宜於今而無異乎古者其
稱名也小其利用也繁日積月累綷爲一編雖未能小物不
遺而於工需似已苟完𪋻備於是繪圖以肖其象立說以推
其原庶使覽者援古証今循名責實通乎器之爲用而道於
以該審乎道之所存而器於以具若以爲補前人之所未逮
則吾豈敢

道光十有六年歲在丙申春三月長白麟慶自敘於南河節
署行所無事之軒

河工器具圖說

總目

卷一　宣防
卷二　修濬
卷三　搶護
卷四　儲備

長白麟　慶見亭纂輯

河工器具圖說

長白麟　慶見亭纂輯

卷一　宣防器具

旗杆

誌樁

相風烏

打水杆　試水墜

算盤

銅尺　秤

丈杆　五尺杆　圍木尺　梅花尺

篗繩
夾杆　均高
旱平　地纏　雲纏　彎纏
水平
大小號旗
牌坊　挂牌　虎頭牌
大小牌籤
銅鑼
錢櫃
循環籤

布棚
蓆檯棚
燈籠　壁燈
火把
雨傘
簑衣
笠
打草鐮
艾
擁杷　木推杷　竹摟杷

埽帚
大簽子　杠子　擡土筐
鼠弓
鐵叉　獾刀　獾沓　獾兜　撓鉤　獾刺　撡子
狐櫃
鳥鎗　鎗藥角袋　鎗子葫蘆
牐版　牐耳　牐關　關翅
令箭　會牌
三升標旗

旗杆

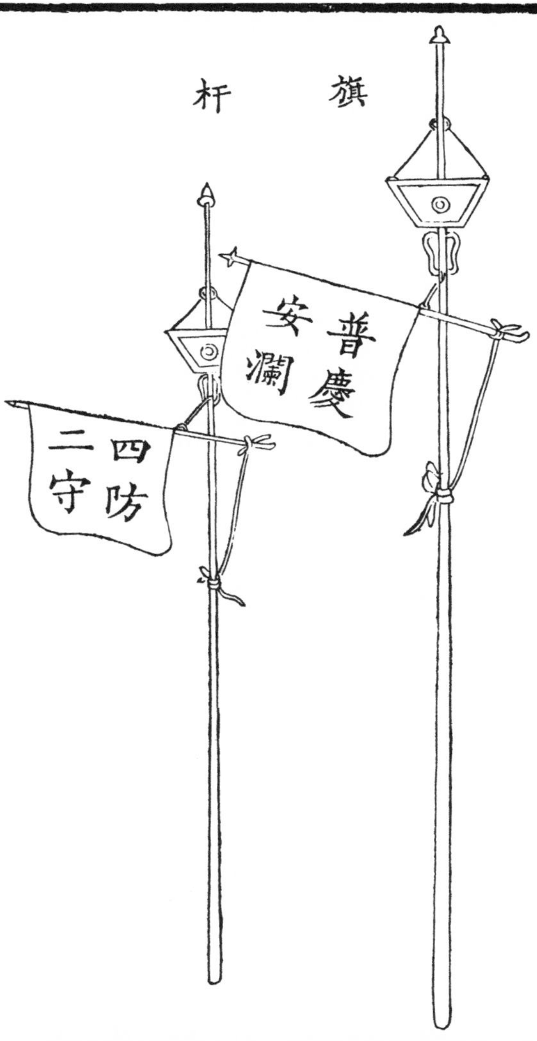

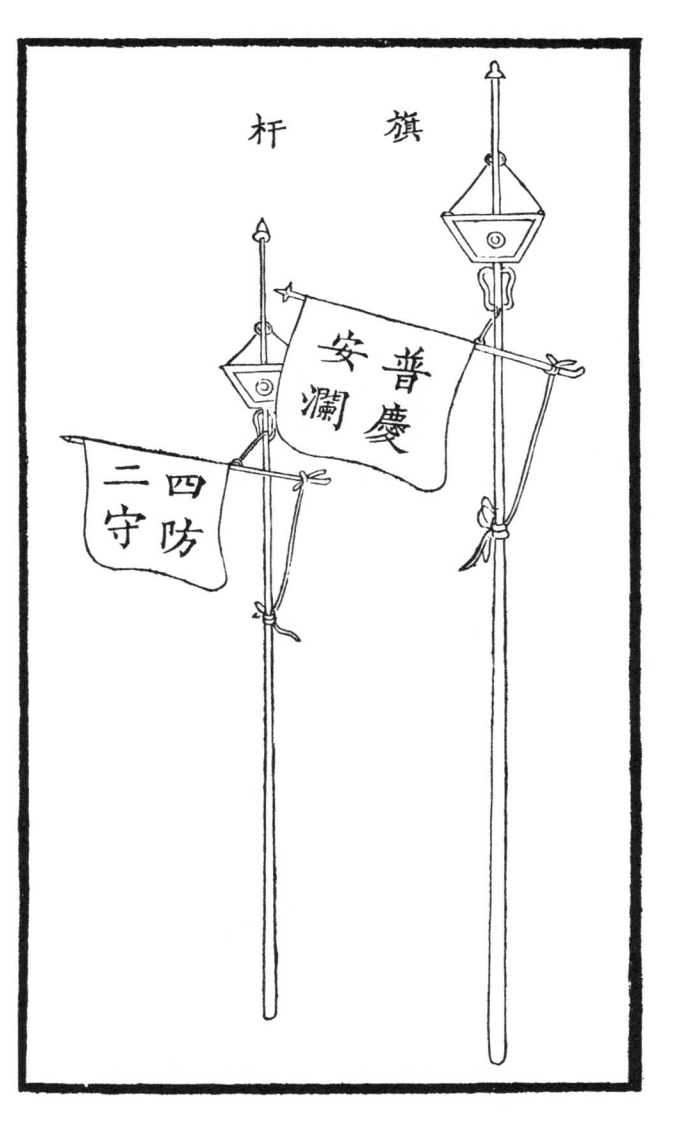

釋名旗期也言與衆期於下也以布爲之懸於堤上各堡及有工處所大書普慶安瀾四字亦有書四防二守者四防何謂風雨晝夜風能刷水汕堤宜護雨則冲堤淋溝宜修晝恐水漲宜禦夜防盜决宜巡二守何謂官民官乃在官兵夫非專指官員而言也民乃近堤百姓非統合境内而言也兵夫只可修守於平時若遇水漲工險方下埽簽樁之匆暇故當伏秋大汛例調民夫上堤協守俗所謂站堤夫是也迨水落工平仍歸兵夫修防大書布旗欲官民共相警勉務保安瀾耳旗色尙黃黃中央色屬土取以土制水之義

誌椿

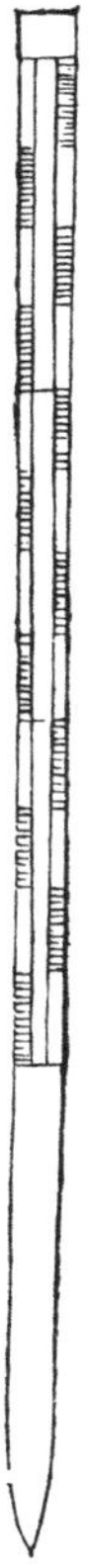

説文椿橛杙誌記誌誌椿之製刻劃丈尺所以測量河水之消長也椿有大小之别大者安設有工之處約長三四丈較準尺寸註明入土出水丈尺小者長丈餘設於各堡門前以備漫灘水抵堤根兵夫查報尺寸古人取諸身曰指尺取諸物曰黍尺隋時始用木尺誌椿所由昉乎

相風烏

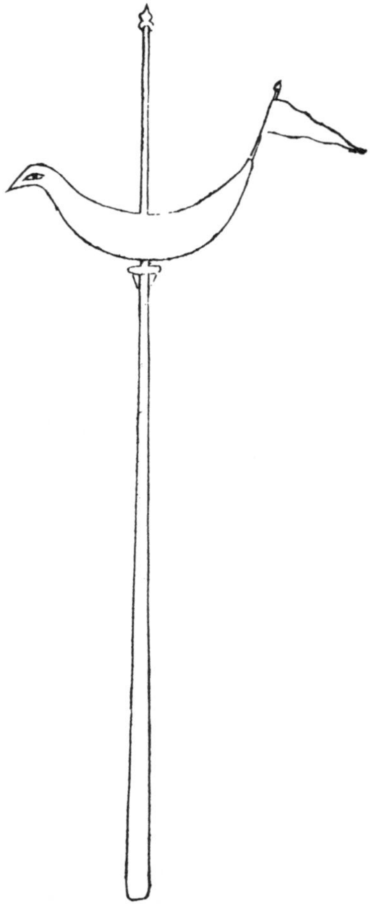

刻木象烏形尾插小旗立於長竿之杪或屋頭四面可以旋轉如風自南來則烏向南而旗郎向北潛居錄巴陵烏不畏人除夕婦女各取一隻以米果食之明旦各以五色縷繫於鴉頸放之相其方向卜一歲吉凶占驗甚多大畧云鴉子東興女紅鴉子西喜事臨鴉子南利桑蠶鴉子北織作息取以驗風蓋亦相其方向也不獨工次爲然凡築堤廂埽運料挑河皆須相度風色以占晴雨則烏又可少哉

打水杆

試水墜

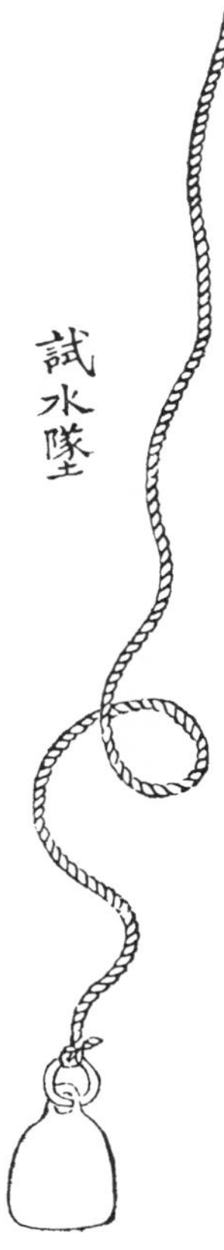

正顱杆僵木也打水杆有長至六七丈者東河兩鑲上半用杉木取其輕浮易舉下半用榆木取其沉重落底南河三鑲中用雜木兩頭接束以竹取攜便利然遇大溜探試少遲卽難得底質輕故耳又有試水墜其墜重十餘觔鎔鉛爲之上繫水綫樱繩爲之葢鉛性善下垂必及底雖深百丈衹須放綫亦可探得定例有工處所派目兵專司打水每日具報三次若遇水勢陡長埽前溜急淘深更須隨時測量以備搶護再杆底鑲鐵則下觸碎石錚錚有聲亦驗水底石工之法也

算盤

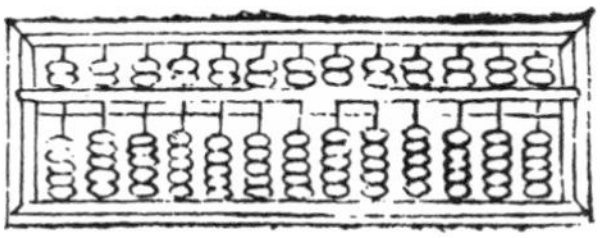

儀禮無算爵無算樂註算數也物原黄帝使隸首作算數得下籌之法周公作九章詳明算法爲制算盤之始清異錄宣武劉錢民也鑄鐵爲算子今則削木爲之每盤算子上二下五取象七政用之乘除億萬不爽爲會計所必需而河工佑核工料尤爲要具

銅尺

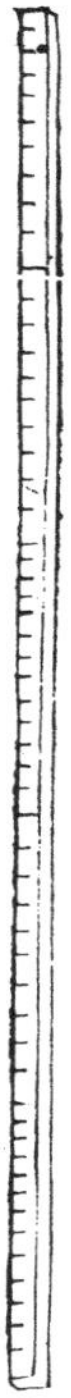

秤

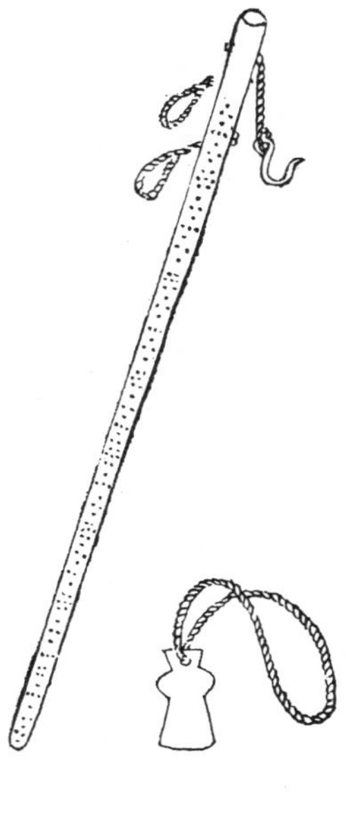

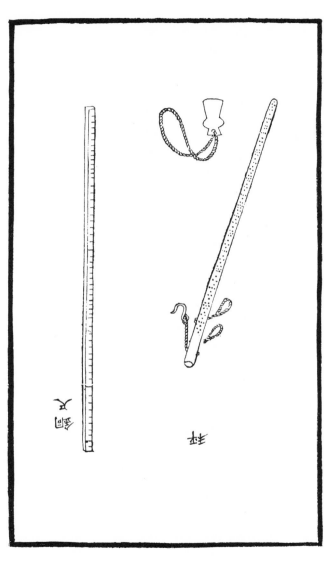

孟子曰權然後知輕重度然後知長短漢律歷志權者銖兩斤鈞石度者分寸尺丈引也司河防者稱物估工烏能離此然尺有夏商周之别稱有京浙廣之分令部頒銅尺周尺也其分寸與漢劉歆銅斛尺後漢建武銅尺晉祖沖銅尺竝同較諸晉玉尺隋木尺後周鐵尺及現用之工尺漕尺均微短矣至秤以二十四銖爲兩十六兩爲觔較諸京法稍增廣法稍减合諸宋皇祐新樂圖所載銖稱無異實浙法爾

丈杆

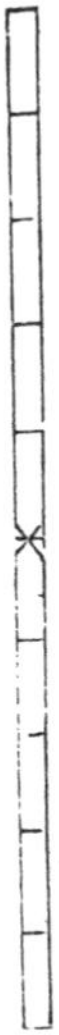

五尺杆

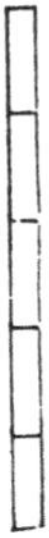

梅花尺

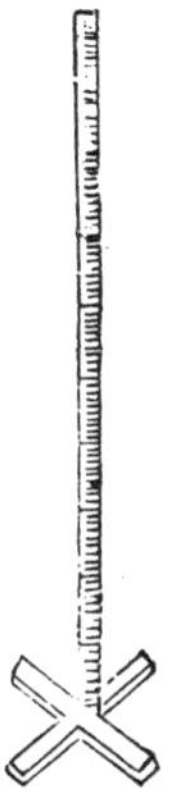

圍木尺

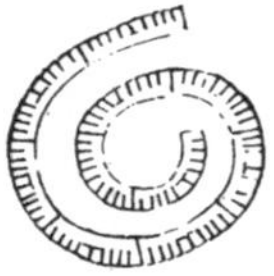

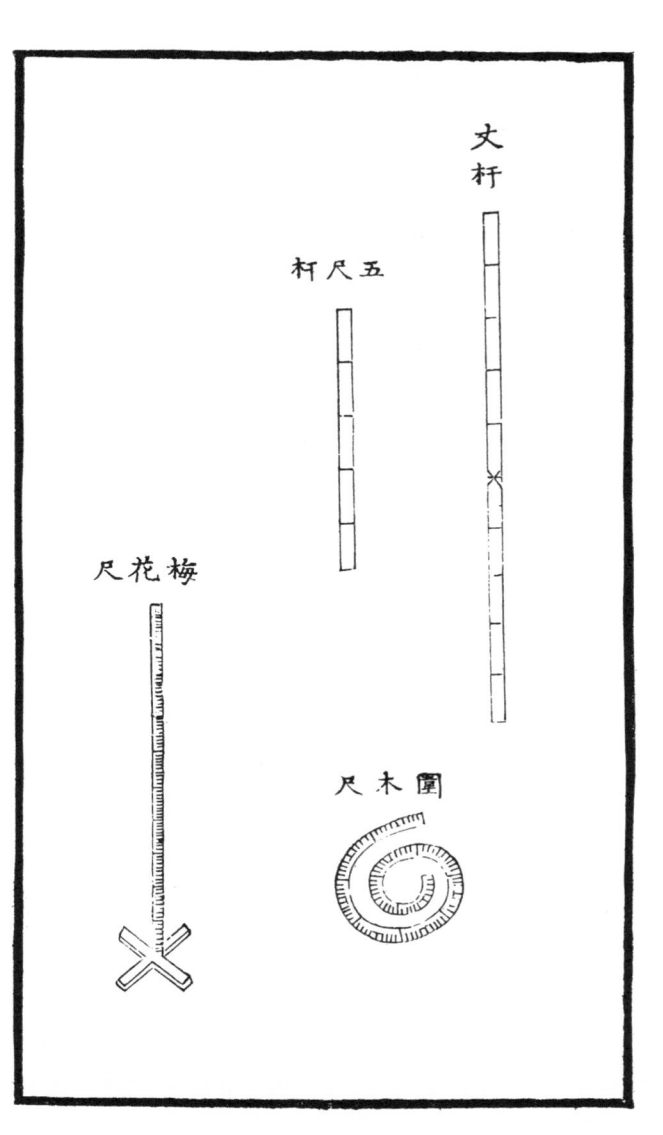

傳疑錄度起於黃鐘之長後世十寸謂之尺十尺謂之丈凡公私所度皆以丈計矣丈杆五尺杆爲查量土埽磚石工程並收料垛石方必需之具又有圍木尺其制每尺較銅尺大五分較裁尺小三分其質以竹篾熟皮籐條爲之均可專備圍收木植之用俗例龍泉碼離木鼻闗口五尺圍起漕規碼離木鼻闗口三尺圍起又有梅花尺刻木爲尺足用十字架托之凡量河水深淺估挑引渠用此探試不致陷入底淤可以較準

簟繩

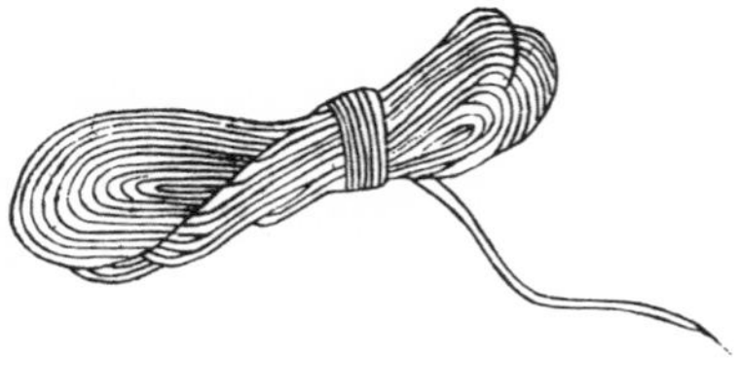

河工器具圖說　卷一

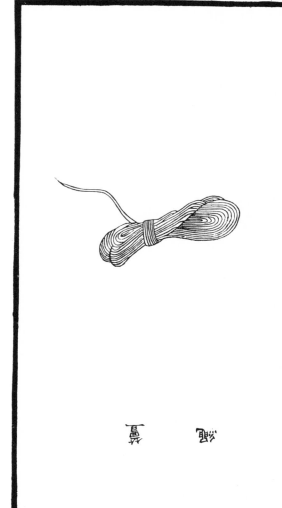

黄福安南日記篾繂索演繁露杜詩舟行多用百丈問之蜀人云水峻岸石又多廉棱若用索牽遇石輒斷不耐久故擘竹爲大辮以麻索連貫其際以爲牽具是名百丈百丈言其長也近時多以絨線結成而總名曰篾繩凡量堤估工必拉篾以視高卑長短用時須隨大杆均高等具

夾杆

均高

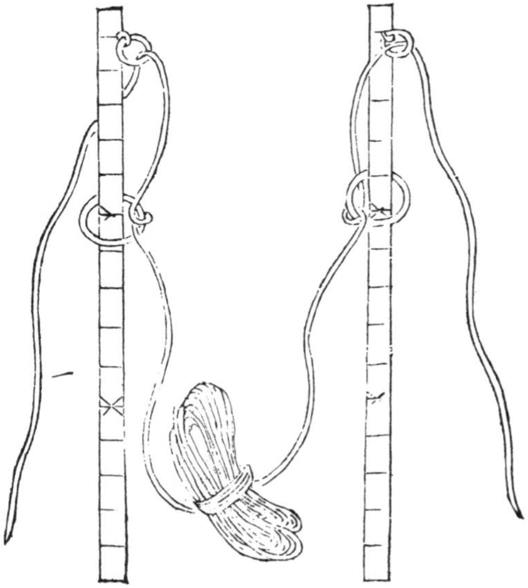

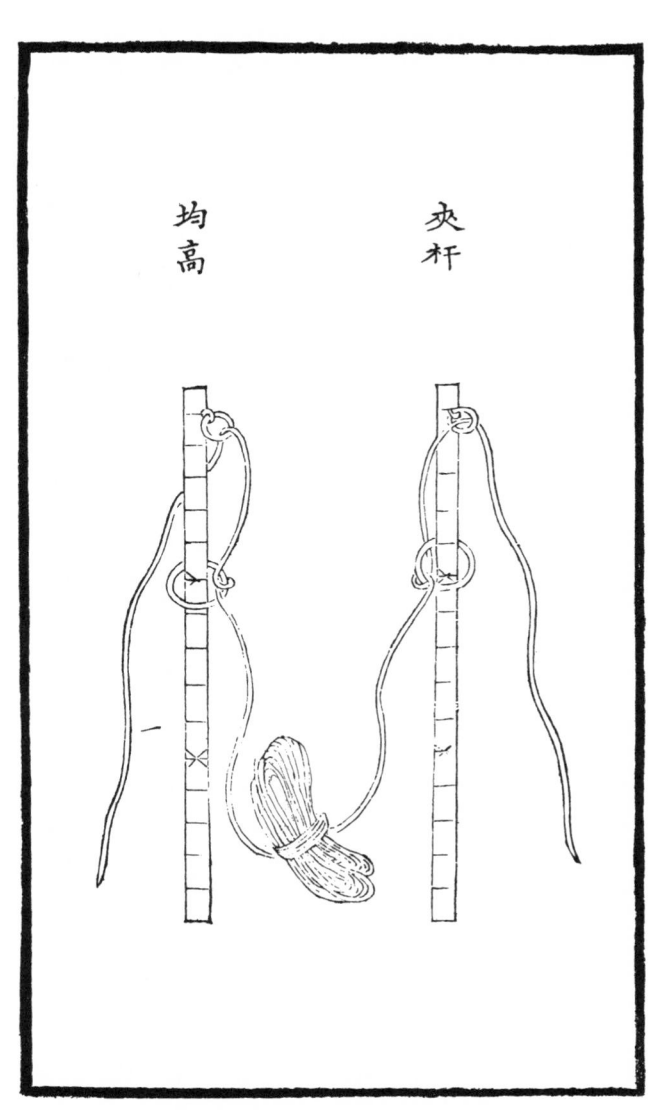

夾杆均高一物二名對以峙之故曰夾𦒋以一之故曰均長二三丈刻劃尺寸上釘鐵圈中有腰圈量堤時將杆分列於南北兩坦若堤高一丈將腰圈拉至一丈之處堤上兵夫踏住篾繩以視高矮

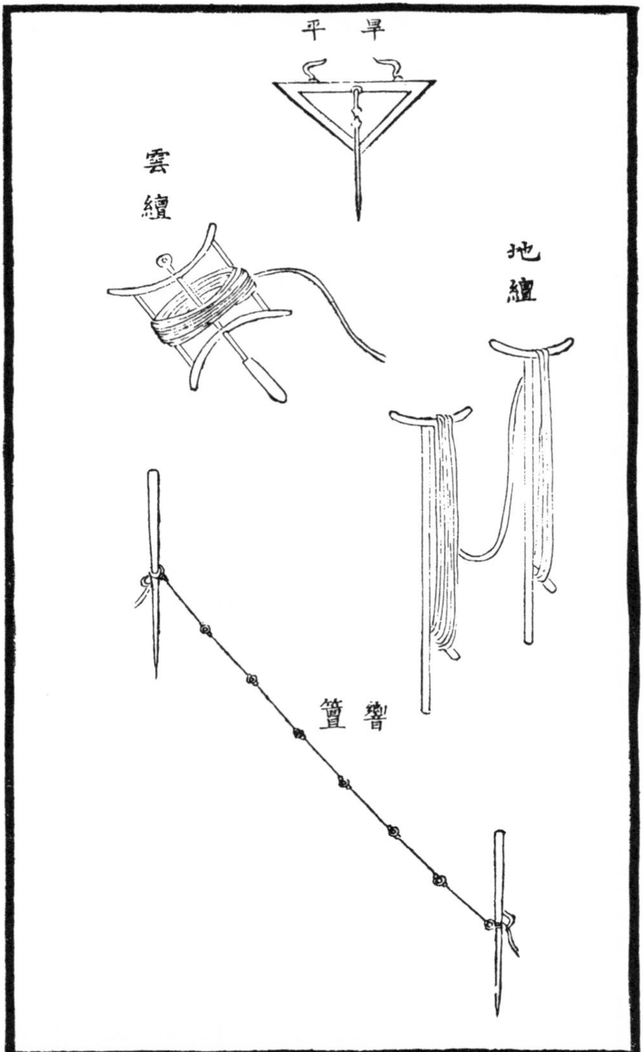
旱平
雲纏
地纏
響

旱平以木製成三角式或銅爲之長闊不滿尺上以二鈎備掛中有活銅針用時平掛於簟繩視針之斜正知地面之高低河底之平窪傳疑錄衡起於黃鐘之平權與物鈞而爲衡衡平而權鈞矣衡以準曲直也旱平類是地簟丈量堤之長短每五尺用紅絨爲記二人拉量遠觀便知數目雲簟稍細用亦畧同又有響簟或籐或竹連以鐵圈每節五尺共二十節計長十丈較之麻簟篾簟質稍堅結用則相同

水平

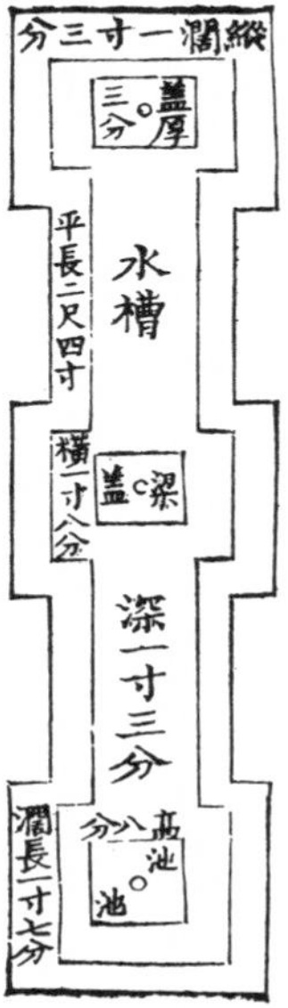

水平之制用堅木長二尺四五寸或長四五尺厚五寸寬六寸中間留長三寸兩邊鑿槽各寬八分餘寬七分以作外框兩頭各留長三寸亦鑿槽寬八分通身槽深二寸周圍一律相通再於中央鑿池一方寬長各二寸深二寸左右各添鑿一槽其寬深與通身槽同便於放水通連槽內須放浮子一箇浮子方長一寸五分厚六分面安小圓木柄一根高出面五分其兩頭亦各放浮子一箇寬長均與中央同惟兩頭之槽僅寬八分未免浮寬槽窄必得於兩頭適中之處開二方池照中央寬深尺寸名曰三池用時置清水於槽內三浮自起驗浮柄頂平則地亦平如有高下卽不平矣但用在五六丈之內尤準若多貪丈尺轉屬無益

大小號旗

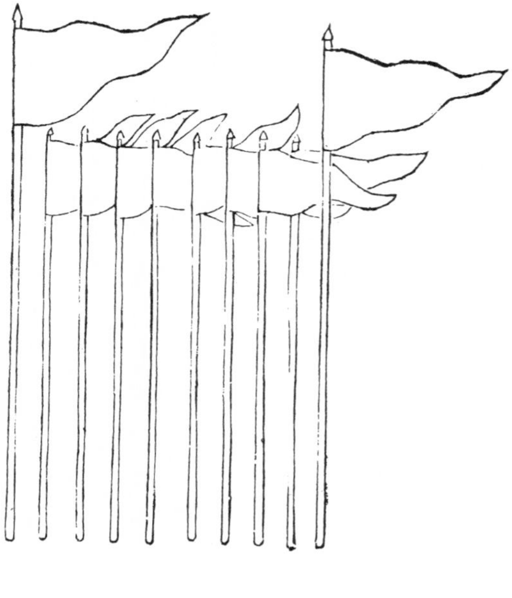

世說軍中聽號令必至牙旗之下山堂肆考大將之旗曰牙取其爲國爪牙也太白陰經蚩尤建旂幟黃帝內傳帝制五彩旗指顧向背防河等於防秋非旗無以示號令辦工買料處所皆用之又挑河築堤分段丈量每十丈建一小旗每百丈建一大旗示兵夫有所遵守自無舛錯之患故名曰號旗

牌坊

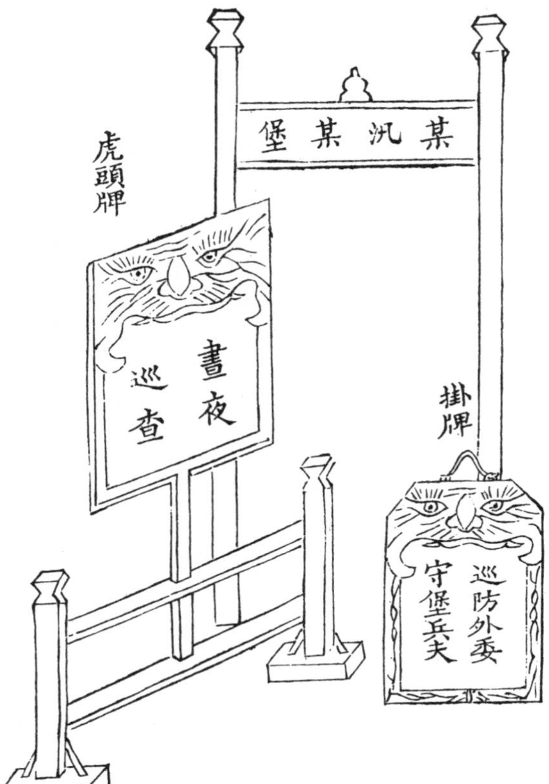

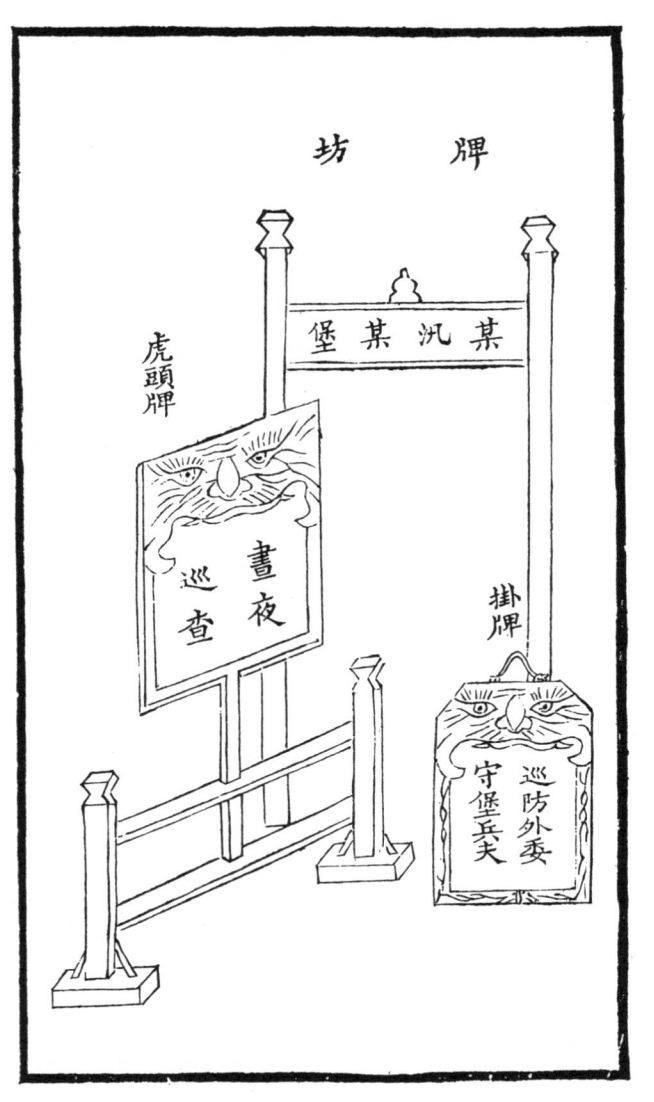

周禮天官職幣以書楬之疏云謂府各爲一牌書知善惡價數多少謂之楬然則牌坊之書某汛某堡欲其段落分也掛牌之書巡防外委兵夫花名欲其責成專也亦卽楬之意耳至於虎頭牌之書晝夜巡查列於堡房之側又欲官弁兵夫觸目警心不敢稍有疎懈謂徒設觀瞻失其本意矣

大小牌籤

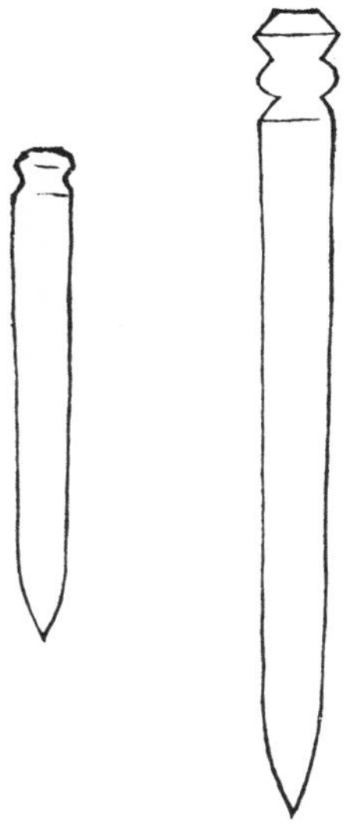

大小牌籤木板削成尺寸不拘上施白油粉籤頭塗砵有工之處標寫埽壩丈尺段落無工之處載明堤高灘面灘高水面垃堡房離河丈尺即築土工亦可以籤分工頭工尾註寫原估丈尺說文籤驗也銳也籤之用與籤之式皆備矣

銅鑼

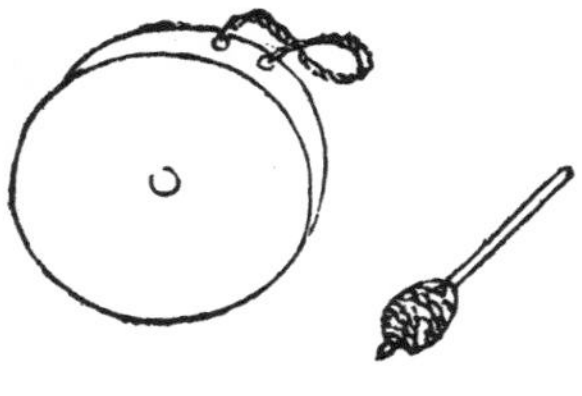

正字通鑼築銅爲之形如盆大者聲揚小者聲殺樂書有銅鑼自後魏宣武以後有銅鈸鈔鑼六書故今之金聲用於軍旅者河上凡捲埽廂工亦鳴此以齊人力而夜間巡查揪頭等繩埽上人夫與夫巡更堵漏悉以此爲號令定例每堡各設兩面有工之處不拘多寡

床

閣

一卷　臨圍首號工皮

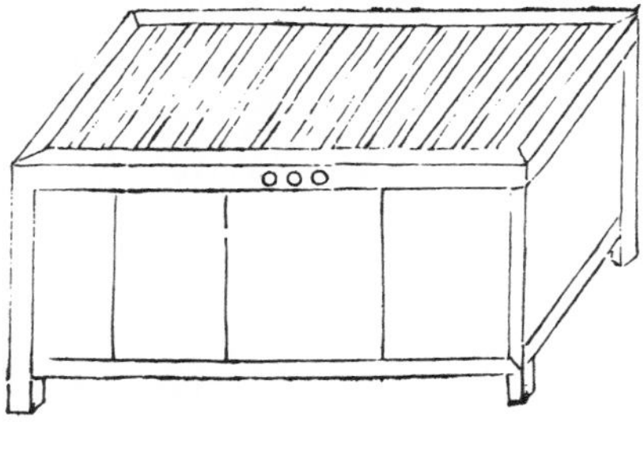

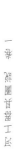

櫃卽櫝也夏后謂之櫝周始謂之櫃書納册於金縢之匱太史公
自序紬史記石室金匱之書韓子楚人賣珠於鄭爲木蘭之櫃杜
陽雜編唐武宗會昌初渤海貢馬腦櫃六書故今通以藏器之大
者爲匱次爲匣小爲櫝伏秋大汛堡房設櫃例貯防險錢十貫以
備堵漏等用交兵夫收管上有栅木可以查驗而不可以探取於
備防堤工之中復寓愼重經費之意

循環籤

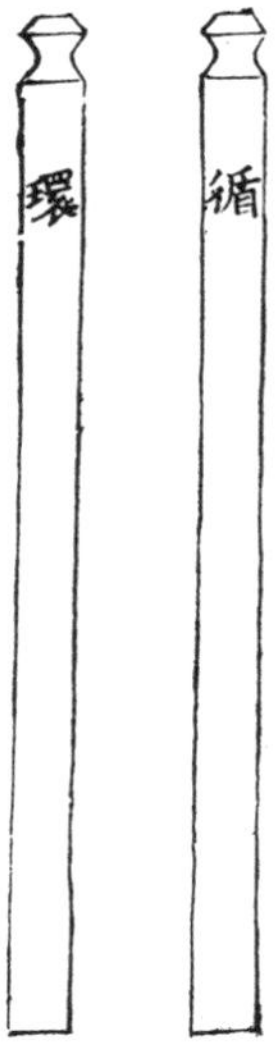

韻會循環謂旋繞往來史記高帝紀三王之道若循環終而復始籤之命名本此與大小牌籤不同彼或標記段落或載明高低丈尺或做工時分別首尾其用止而不遷兹則環往循返循去環來梭織巡防用加慎密有周流無滯之義焉

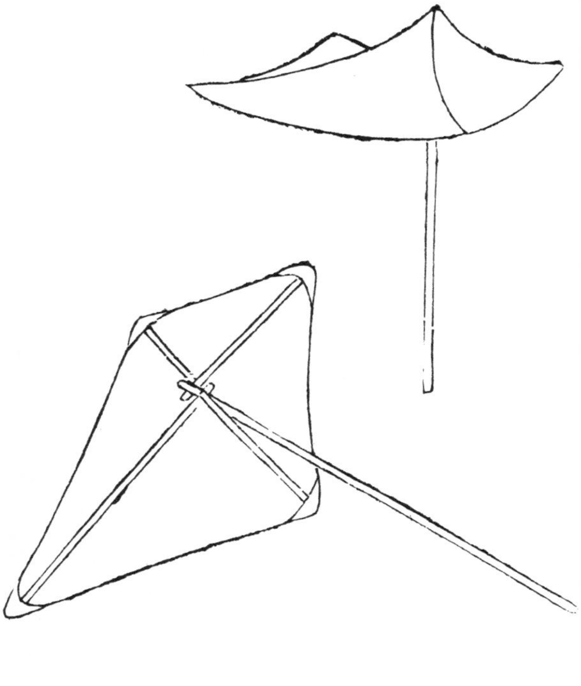

布棚

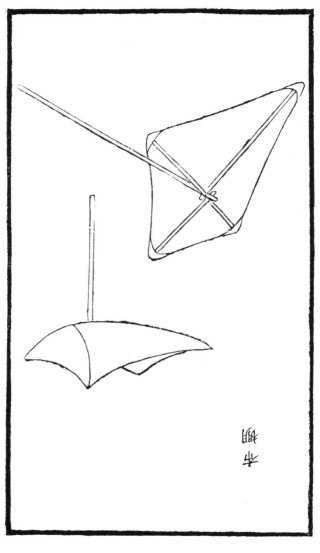

開元遺事唐時長安富人於林亭間植畫柱結綵爲凉棚閒坐其下名曰避暑會布棚卽凉棚之意於酷熱之中廂修埽段司事者用以遮陽追暑顧長堤無薄日影時移小則隨處支撑輕則便於攜帶迥非林亭內之凉棚可比

蓆擡棚

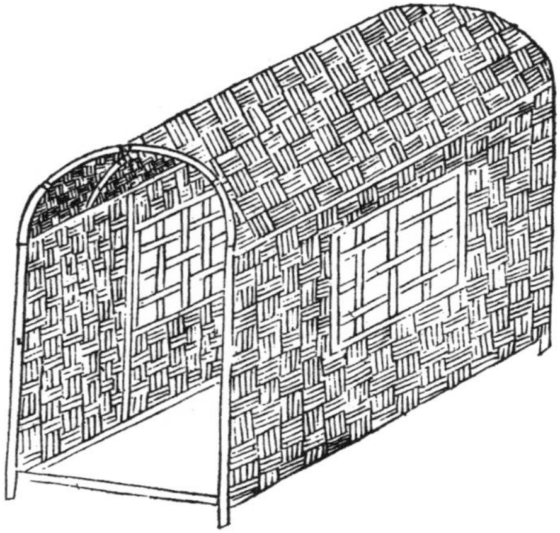

集韻園屋爲庵𡏖棚以蓆象其形而製之風雨廂工堡房距遠藉此聊以藏身且廂埽迄無定所𡏖棚可以隨行虎苑僥王徐知諤嘗遊秝山除地爲廣埸編虎皮爲大帷率僚屬會其下號曰虎帳天寶遺事長安貴家子弟每至春時遊宴供帳於園圃中隨行載以油幕或遇陰雨以幕覆之盡歡而歸二者可以類推

燈籠

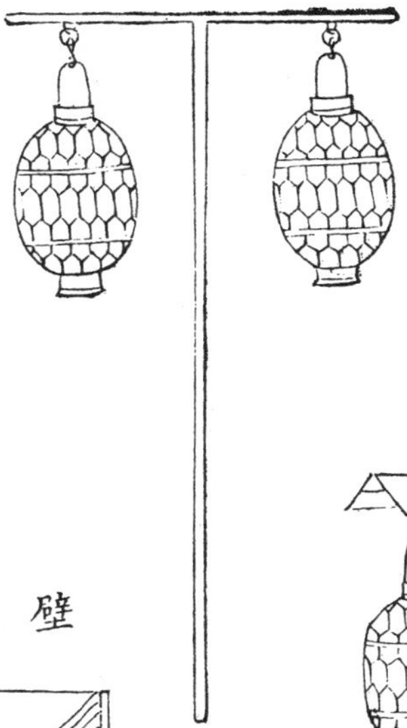

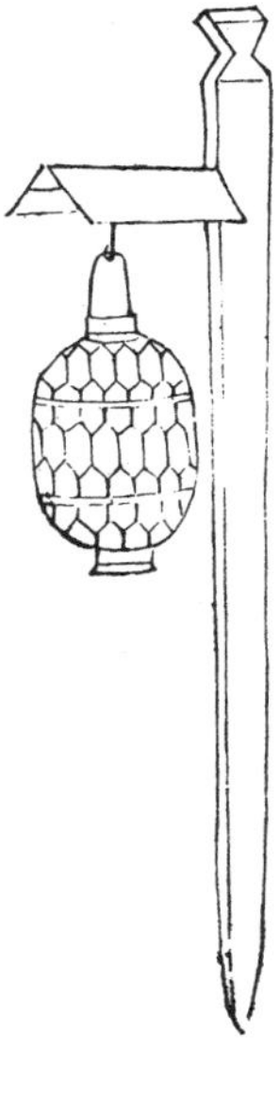

壁燈

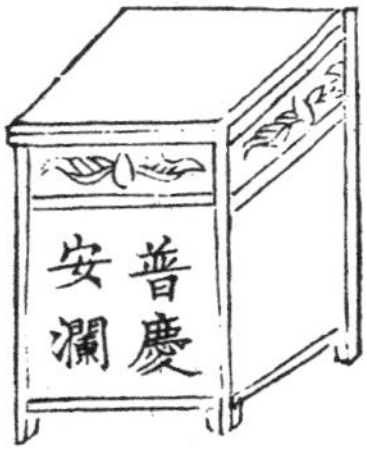

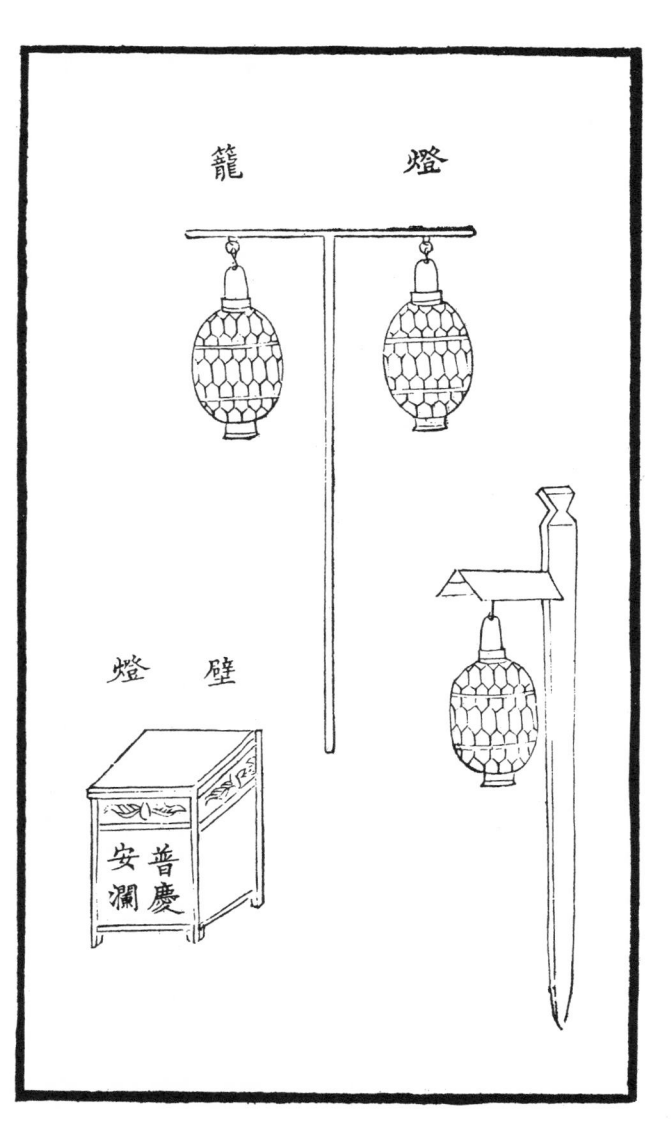

物原徐廣曰燈籠一名篝燭燃於內光映於外以引人步始於夏時沈約宋書高祖有葛燈籠工次以丁字桿兩旁各懸燈籠於上或獨桿上有雨搭下懸燈籠一盞又有壁燈上書普慶安瀾大汛時通宵不滅皆備風雨黑夜上下巡防之用

火把

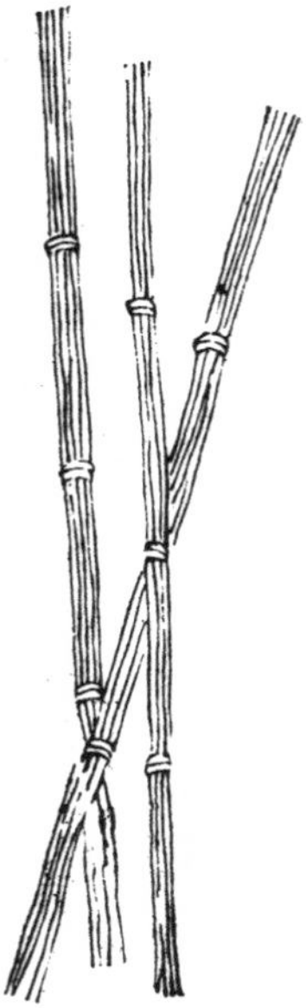

古無火把之名說文苣束葦燒也又曰苣火祓也荆楚歲時記正月未日夜蘆苣火照井厠中百鬼走又吳中風俗除夜村落間以禿帚若麻藍竹枝等燃火炬縛於長竿之杪以照田爛然遍野以祈絲穀莊子逍遥遊日月出矣而爝火不息呂氏春秋湯得伊尹祓之於廟爝以爟火釁以犧猳即今之火把南方以竹爲之北方多用稭束黑夜廂工雖有燈籠不及火把之光可以照遠

雨傘

玉屑元魏之時魏人以竹碎分并油紙造成傘便於步行又曰魯班之妻所造清異錄江南周則少賤以造雨傘爲業其後戚連椒闈後主戲封爲高密侯事林廣記六韜曰天雨不張蓋幔通俗文月張帛避雨謂之繖當陰雨之時堤身埽段尤當晝夜巡查非此無以避雨在工者所必需也

簑衣

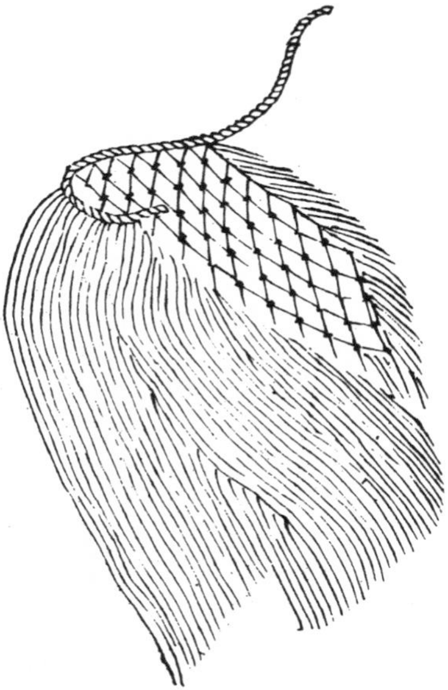

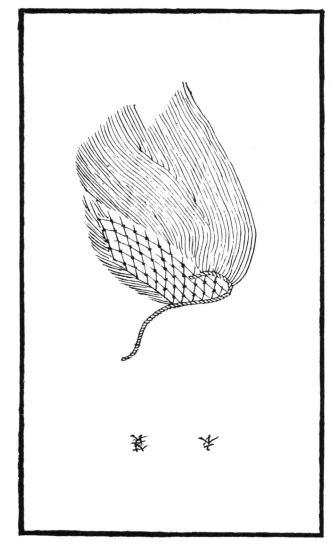

説文蓑草雨衣秦謂之萆廣韻屜屩雨衣也庶物異名疏管子曰農夫身穿襏襫卽蓑衣一曰𧞤堅衣可任苦六韜農器篇蓑薛簦笠故又名薛雨具中最爲輕便者有演繁露王章卧牛衣中注龍具也葢亦蓑衣之類挑河廂埽如遇陰雨兵夫用以被體非此不可

笠

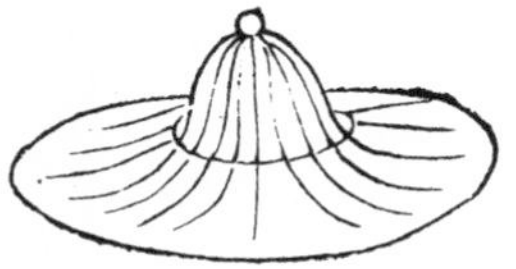

篇海簦笠以竹爲之無柄曰笠有柄曰簦卓氏藻林簦笠備雨器也國語簦笠相望㪅安陵古以臺皮爲之詩所謂臺笠緇撮是也庶物異名疏管子曰農夫首載茅蒲茅蒲蒲笠也名義考程曉伏日詩今世䄷䄷子觸熱到人家䄷䄷涼笠也或大或小皆頂隆而口圓可芘雨蔽日以爲蓑之配也廂工防險蓑衣僅能禦雨笠則兼可遮陽尤爲應備之物

打草鐮

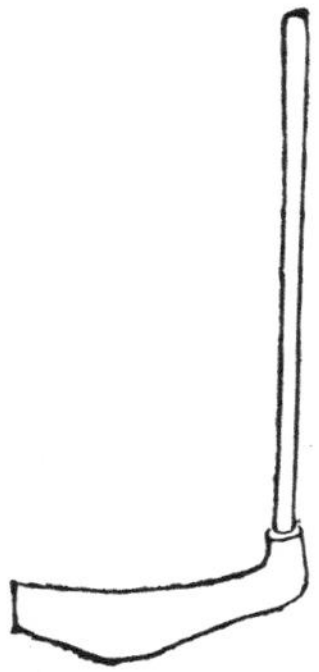

逸雅鐮廉也體廉薄也其所刈稍稍取之又似廉者也周禮薙氏掌殺草夏日至而夷之鄭注鉤鐮迫地芟之也農桑通訣鐮制不一有佩鐮有兩刃鐮有袴鐮有鉤鐮有推鐮方言刈鉤自關而東謂之鐮或謂之鍥說文銍穫禾短鐮也集韻釤長鐮也皆古今通用芟器打草鐮亦不外是

艾

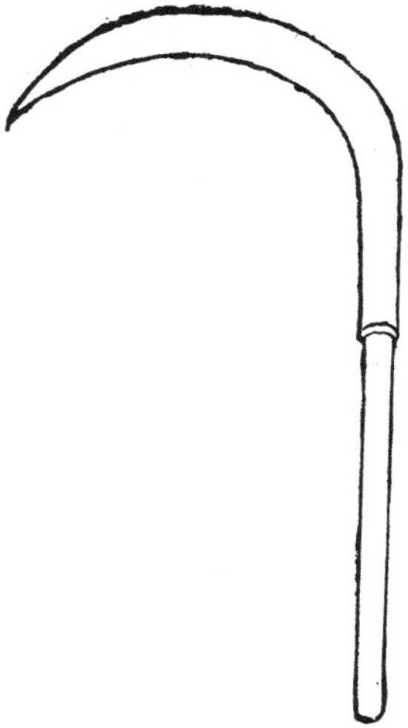

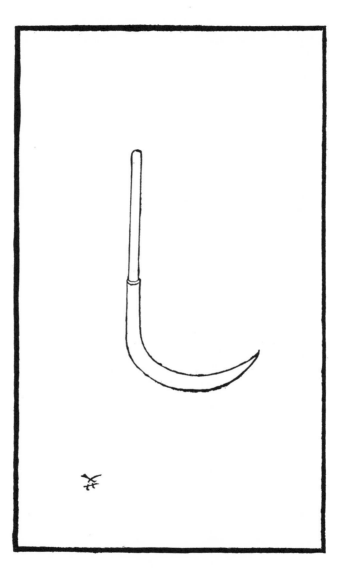

詩奄觀銍艾艾殳也穀梁一年不艾而百姓飢艾穫也方言刈鉤
自關而東謂之鐮或謂之鍥三才圖會鍥似刀而上彎如鐮而下
直其背指厚㕦長尺許柄盈二握又謂之彎刀以艾草禾或斫柴
篠農工使之春夏之交堤頂兩坦草長芟除之用與鐮有同功焉

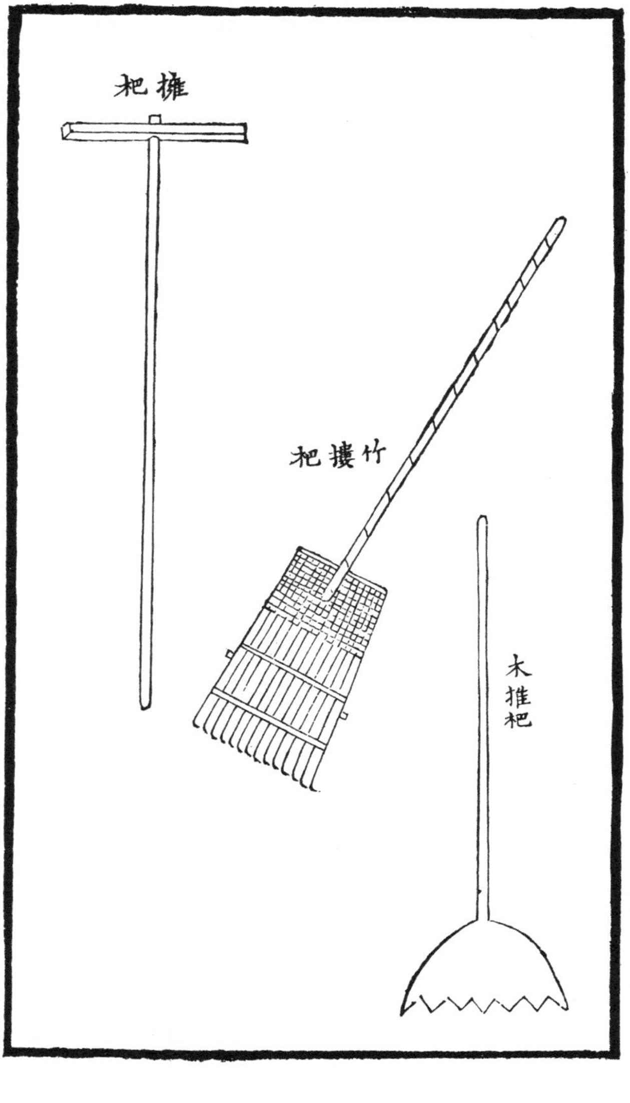
擁杷
竹摟杷
木推杷

物原叔均作耖耙逸雅杷播也所以播除物也説文杷平田器大都鐵爲多竹次之木則罕見木而無齒則莫如擁杷是前漢高紀太公擁篲擁持也擁杷形如丁字用以平隄亦猶擁篲云爾又推杷以木爲之前刻數齒用以推埽面積雪疏隄頭塊礫最便又竹摟杷齒亦編竹爲之料厰工所摟聚碎稭擲曬濕柴非此不爲功

掃帚

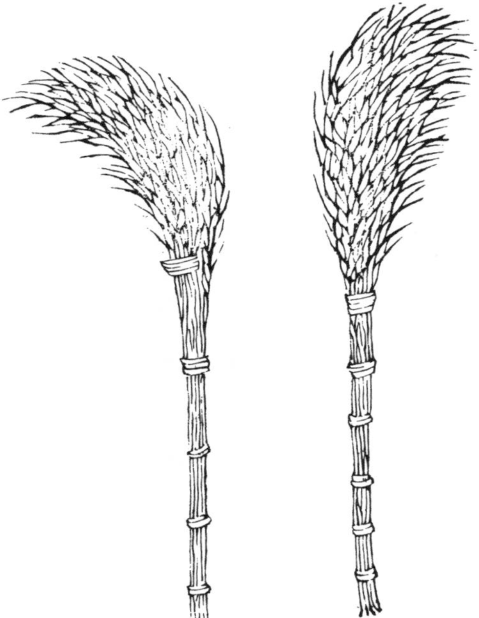

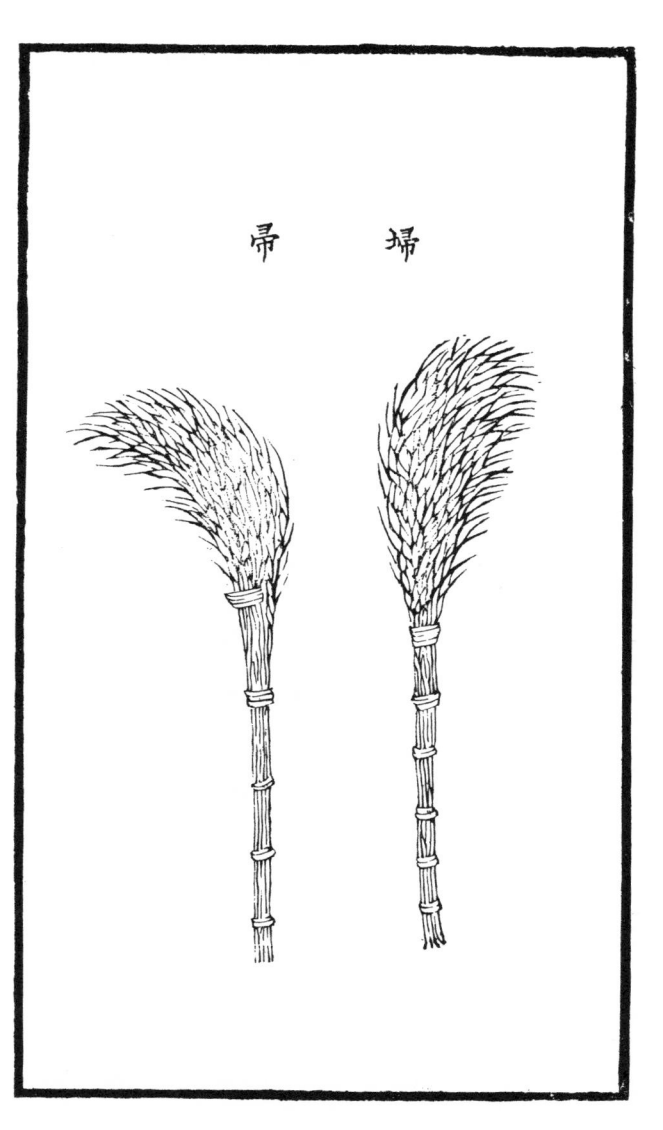

古本夏少康作箕帚周禮夏官戎右贊牛耳桃茢注桃鬼所畏也茢苕帚所以埽不祥諸侯盟則用之曲禮凡爲長者糞之禮必加帚於箕上爾雅釋草莽馬帚注似蓍可以爲埽彗又葥王彗注王帚也似藜其樹可以爲彗江東呼之曰落帚漢高紀太公擁彗凡潔除堤頂埽面非埽帚不可則其爲用廣矣

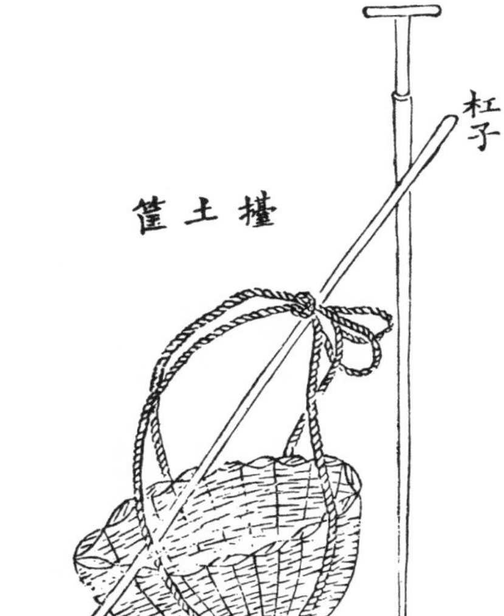
大簽子
杠子
擡土筐

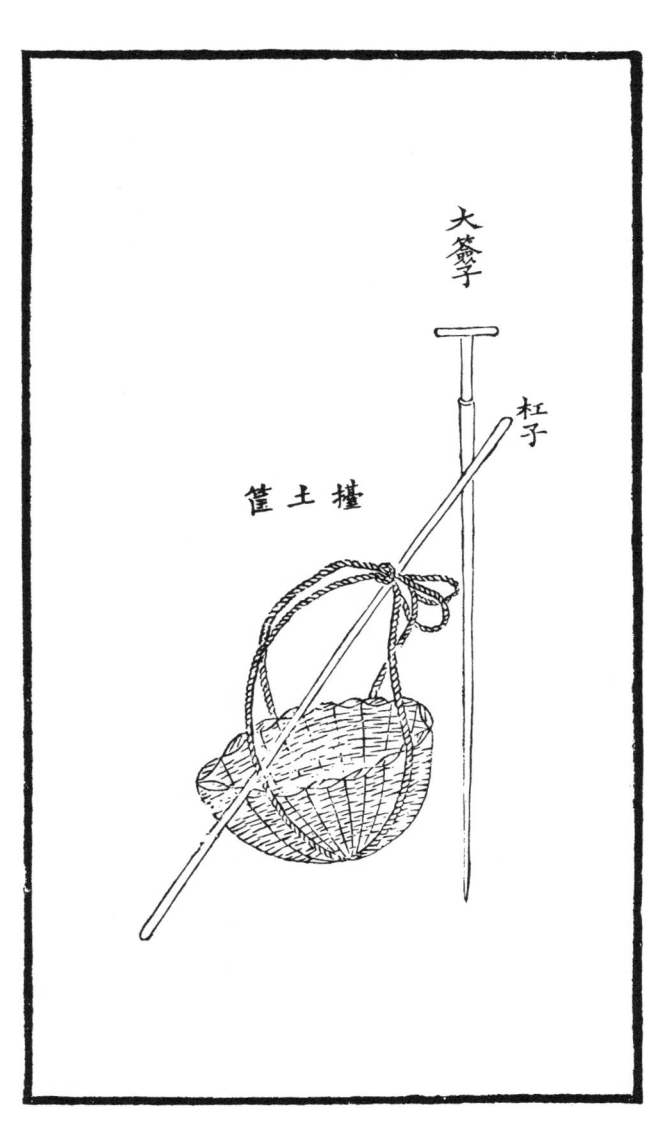

大簽子長四五尺有類鐵錐而木其柄每年春初百蟲起蟄之候例飭文武汛員督率兵夫持簽簽堤用榔頭打簽深入土中一經簽出洞穴卽以鐵杴刨挖到底將筐杠撬土塡蟄用木夯築實每堡皆須預備籥海筐盛物竹器也北方竹少多以柳筲編成廂工撬土亦有用筐以期迅速者杠卽荷筐之具此數物皆簽堤必備器具緣一線單堤年深日久或有獾洞鼠穴水溝浪窩之病及樹根朽爛氷雪凍裂之處一遇大汛漫灘滲漏串水最爲隱患其所以防患未然者惟此簽堤一法

鼠弓

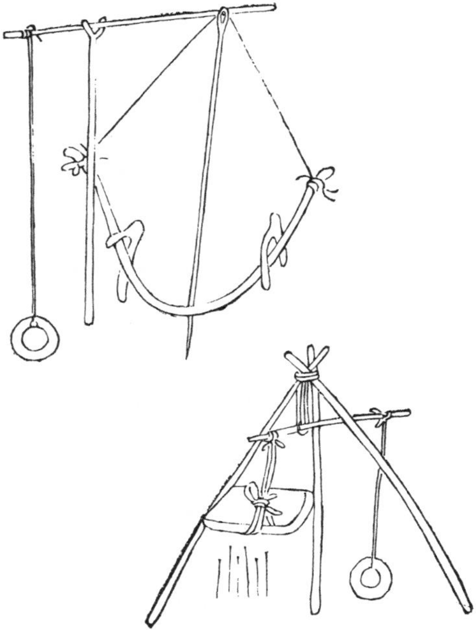

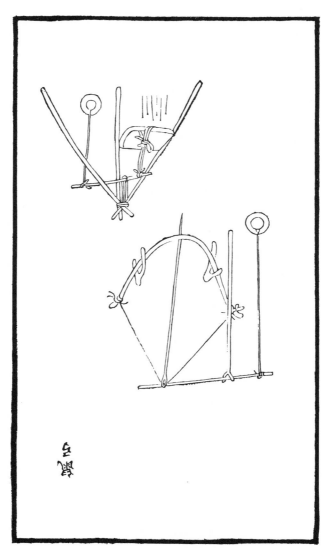

地鼠俗名地羊即本草鼴鼠爾雅鼢鼠廣雅犁鼠隄頂兩坦均有之但見虛土一堆即此物也爪銛牙利頂刻穿隄搜捕不可不淨捕法趁其迎風開洞用竹弓鐵箭射之百不失一鼠弓有三一用鐵簽張於弓上簽直如矢一用挑棍撐桿懸以消息又一式三叉其木墜以巨磚懸以消息若今之取禽獸用罟擭然顔師古漢書注弩以足踏者曰蹶張殆相類而不同者歟

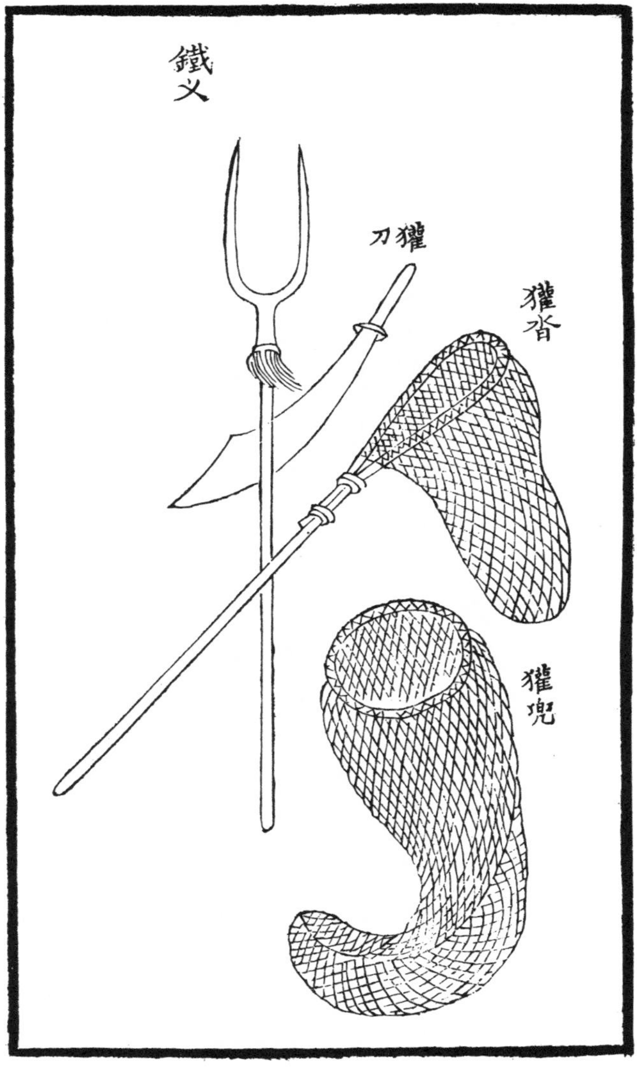
鐵叉
獾刀
獾沓
獾兜

沓字義無可考按羽獵賦出入日月天與地沓註作相連合解或取沓與洞合勿使逃逸之義沓兜均以麻結成上古伏羲作網勾芒作羅可以類推獾有遊住之分遊獾尚未傷及堤身住獾洞穴多在堤根既曲且深口大如碗有前門離四五丈或七八丈復有後門最爲堤工隱患埽穴之法水灌火薰均足制勝惟堵前窟後堵後窟前每易脱逸但洞外有虛土一堆是其出入之處且獾行每由熟路尋踪搜捕尚易見功捕法暗中守拿宜用有柄之沓施於平地宜用無柄之兜刀叉皆備用利器此外尚須養獵犬捕之

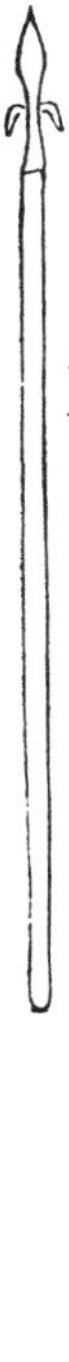

撓鈎

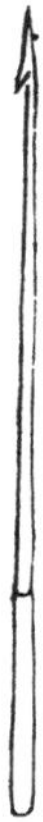

獾刺

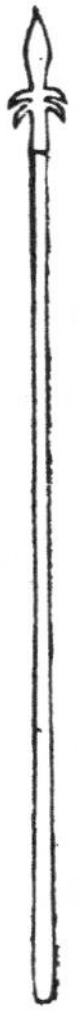

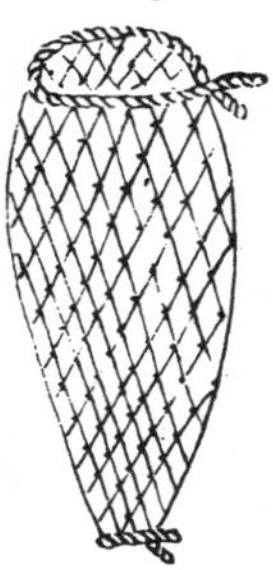

摻子

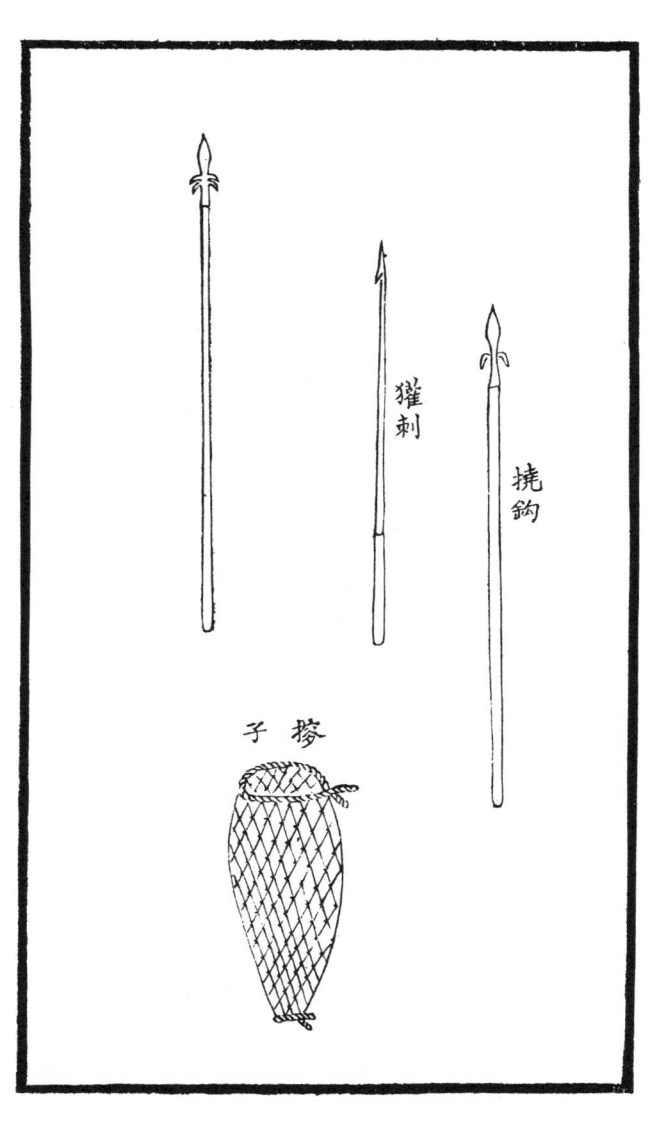

廣韻搽索也揚子方言就室曰搽於路曰畧正韻撓抓也韻會刺
棘芒也今巡夜捕貛之具有名刺者鍛鐵爲之其鋒銛利上有倒
鈎以象棘芒又有撓鈎直叉向上倒鈎雙垂並有四出者受以木
柲其用甚便殆卽古之戈與按周禮考工記冶氏戈廣二寸內倍
之胡三之援四之鄭注戈今勾子戟也內謂胡以內援直叉胡其
孑至搽子乃繩網卽古之罟護製與兜同而口穿活繩易於束收
用時每張於貛狐洞口俗稱曰搽子或有取就室之義乎

狐櫃

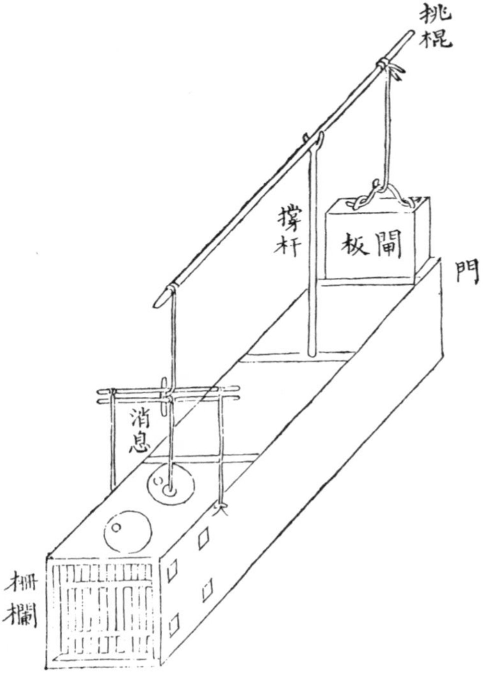

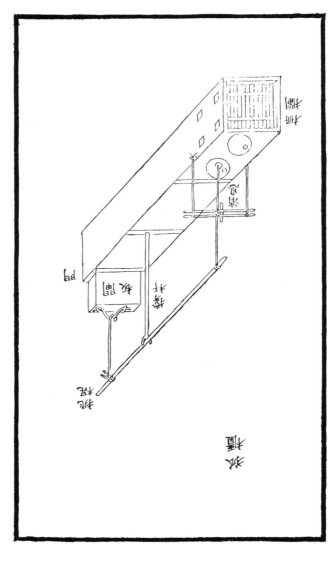

狐櫃以木製成形如晝箱前以挑棍挑起閘板以撑桿撑起挑棍後懸繩於挑棍而繫消息於櫃中以雞肉爲餌安置近栅欄處使狐見而入櫃攫取一碰消息則繩鬆棍仰桿落板下而狐無可逃遁矣韻會獲捕獸機檻名物考罟獲以扃羂禽獸今之扣網也櫃亦類是

鳥鎗

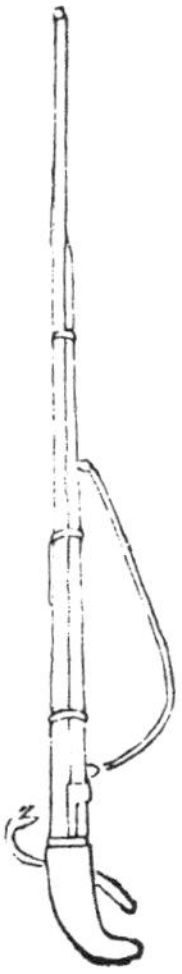

鎗子葫蘆

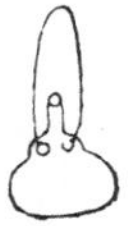

鎗藥角袋

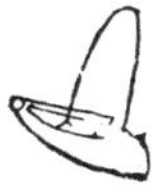

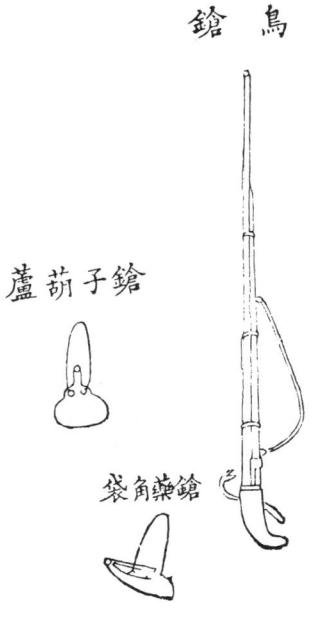

物原軒轅作礮呂望作銃爲製火器之始金史飛火槍守汴時用以槍發火實始於此七修類稿鳥嘴木銃明嘉靖間倭寇犯浙得其器遂傳造焉則是鳥鎗之名起於明矣考鎗音庚鎗鎗聲槍字本從木今俗從金葢取聲響之義其製鑄鐵爲管鑲木成桿中設斗門火機勾動卽可致遠外隨葫蘆專貯鉛子角袋專貯火藥最爲武備利器今河工兵堡設此一以巡夜支更一以捕狐靖盜

關翅

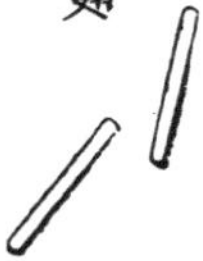

艣關

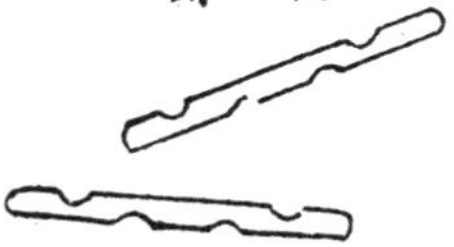

艣耳

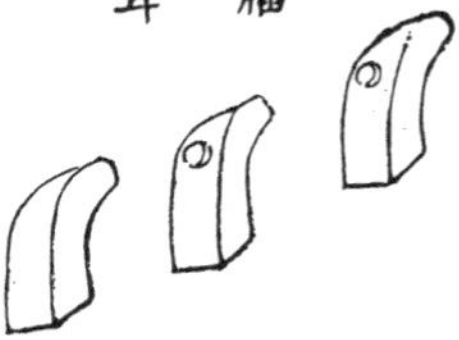

艣版

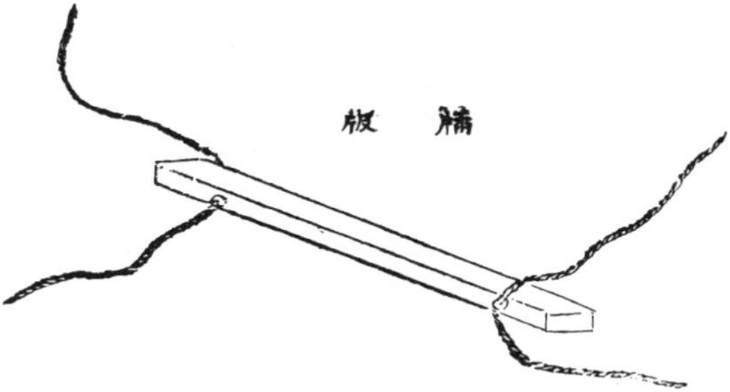

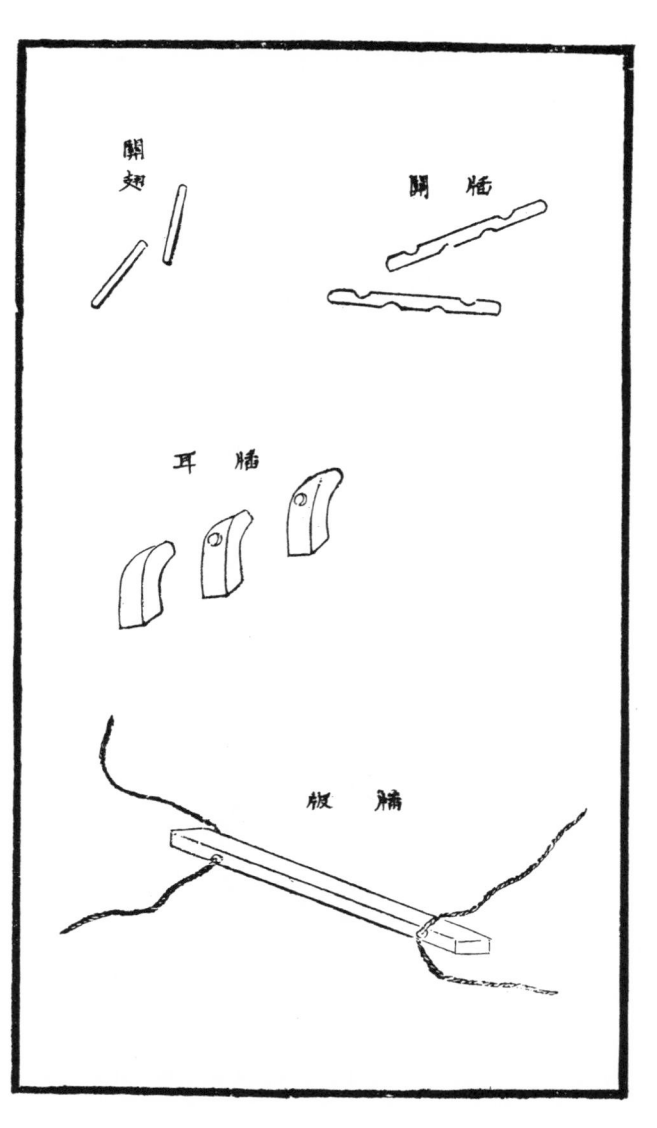

玉篇版片木也集韻以版有所蔽曰牐字典今漕艘往來啚石左右如門設版瀦水時啓閉以通舟水門容一舟銜尾貫行門曰牐門設官司之按啓閉器具有牐版削木爲之寬厚各一尺長二丈四尺兩頭各鑿一孔以貫麤繩牐耳以石爲之各有孔每岸三枚內中耳孔兩頭俱通以貫牐關關以檀木爲之長六尺圍一尺八寸中鑿四孔備運關翅用時兩端貫牐耳孔內插翅運之關翅亦用檀木每根長丈許橫插關心以備推絞之用

令箭

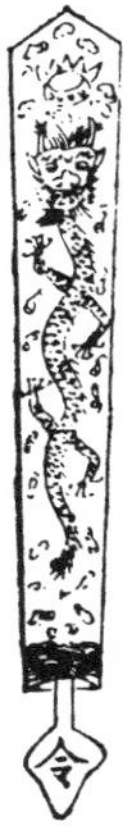

會牌

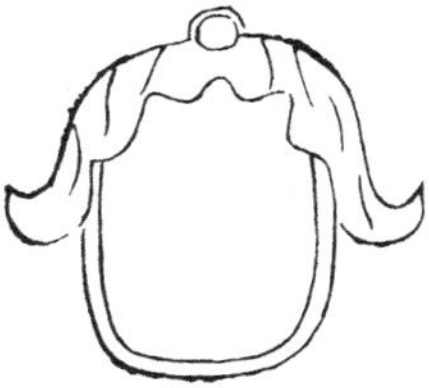

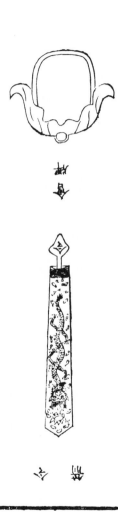

集韻令律也法也書冏命發號施令禮月令命相布德和令漢紀令有後先有令甲令乙令丙
國朝定制總督令旗黄緞爲之斜幅縿徑一尺八寸斿徑二尺四寸斜徑三尺貫以令箭笴長三尺髹朱皂羽上括下鏃鏃面鋟銀令字畢以油紬套象繪雲龍取相應之義河工提閘催船持此爲信又有會牌係上下兩閘啓閉彼此知照憑據緣運道水勢蓄洩機宜全在啓閉而欲上下相應非會牌不爲功

三外標旗

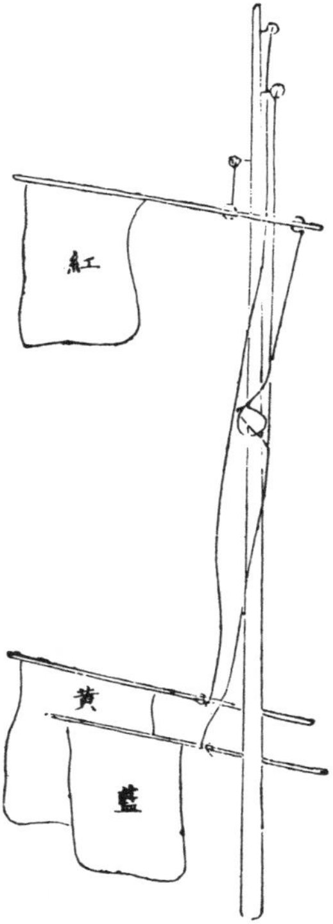

三升旗卽標旗也凡大工向於壩頭豎立長竿上扣三鐶貫以長繩繫黃紅藍布旗三面隨用拉扯上下派兵守之如須土升黃旗料升紅旗柳草升藍旗夜則易以三色燈籠以爲號令

河工器具圖說

長白麟　慶見亭纂輯

卷二　修濬器具

畚　畲

皮灰印　木灰印　信椿

鐵錐　水壺

鐵杴　長柄杴

片硪　束腰硪　墩子硪　燈臺硪

木夯

圓石杵　方石杵

磟碡

竹灰篩　竹灰籃　灰箕　條帚

灰桶　水梡　灰沓

汁鍋　汁缸　汁瓢　木爬

花鼓槌　木摭　木杵　拍板

鐵銷　鐵錠　鐵鋦　過山烏　鐵片　舊鋦鐵片

鐵鈎　鐵簽　鐵勺　竹把子

泥抹　方瓦刀　圓瓦刀

水基板

橇

柳斗　布兜

長柄泥合　麻布兜　泥合子　刮淤板

五齒鈀　合子掀　空心掀　雙齒鋤

九齒鈀　杏葉鈀　十二齒鈀

鐵板　鐵罱

吸笆

戽斗

水車

水輪車

木犁　牛犁

鐵笆
鐵笆子
混江龍
清河龍
挨牌　逼水板
鐵鴨嘴　鐵板子　鐵剷　鐵壯
石壯
油灰碾
鐵椿箍
櫰印　印桶　佩硯　角硯

槽桶

臿

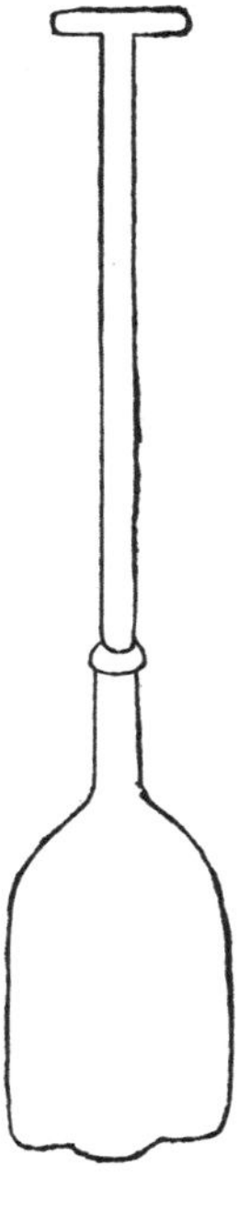

畚

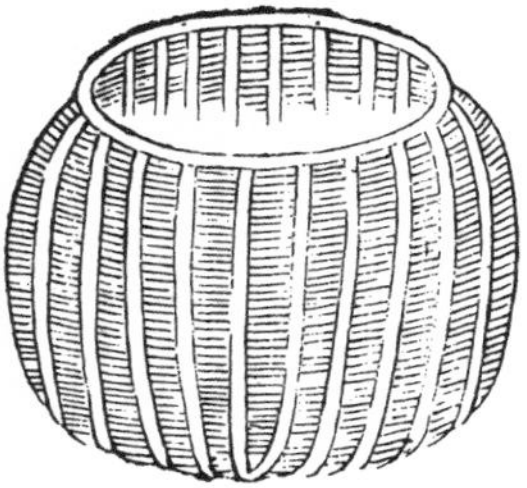

農書畚土籠也左傳樂喜陳畚挶注畚簣籠又稱畚築注畚盛土器以草索爲之説文畚𠷎屬南方以蒲竹北方以荆柳王楨咏畚詩致用與簣均聯名爲臿偶臿顔師古曰鍬也所以開渠也前漢溝渠志白渠歌曰舉臿爲雲決渠爲雨淮南子曰堯之時天下大水禹執畚臿以爲民先近時形制雖稍不同而治水土之工者必以此二物爲本揚子方言謂畚臿爲一物誤矣

皮灰印

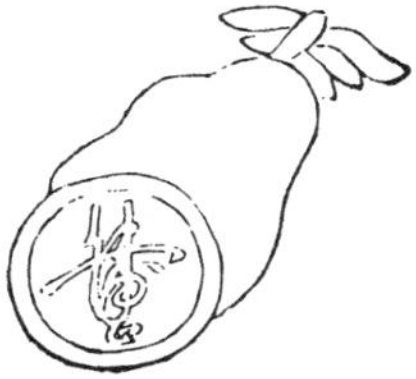

木灰印

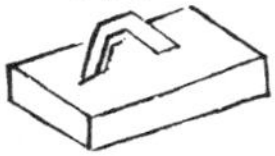

信椿

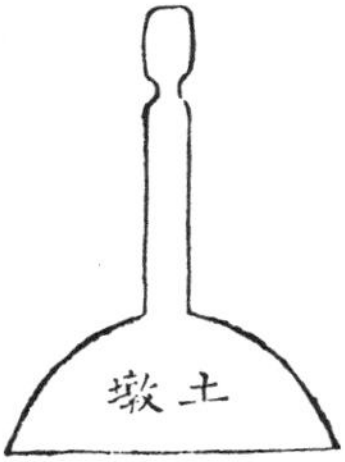

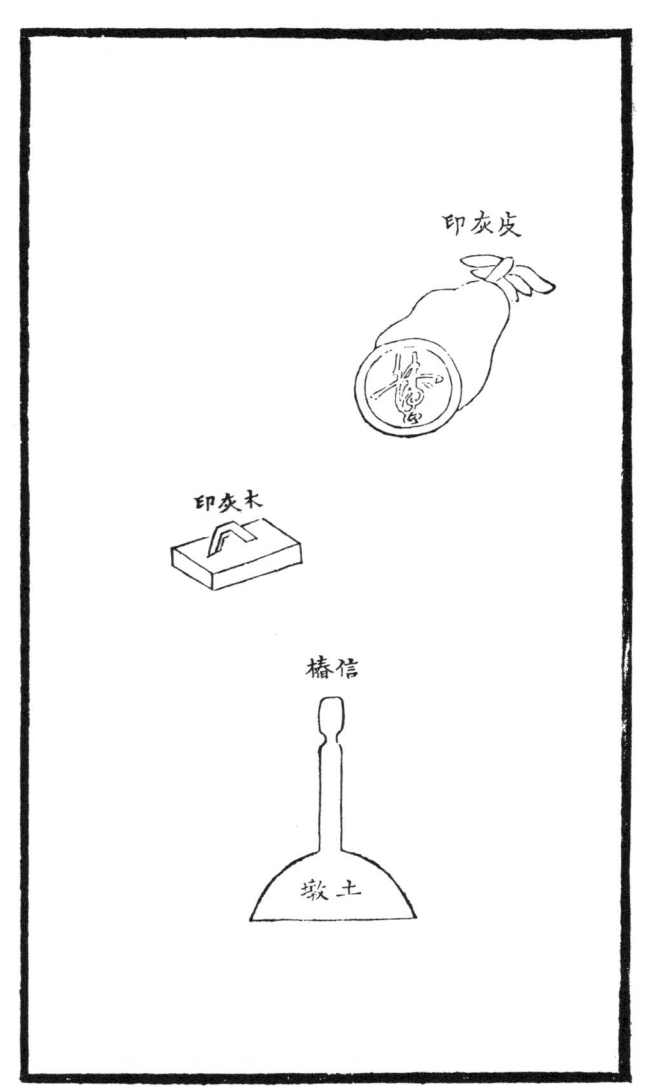

說文印執政所持信也從爪從卪象相合之形廣韻印信也因也封物相因付也古人於圖書書籍皆有印記今估土工多有自鐫木印用石灰爲印泥又有皮印以白布作袋長八寸牛皮作底寬五寸底上鏤字篆押各爲密記內貯細灰用時緩緩印之又有信椿其法截木爲椿凡築隄挑河估定尺寸後較準高深簽椿相平用灰印於椿頂裹以油紙覆以磁碗取土封培俟工完啓驗灰印完整然後拉繩椿頂驗收可杜偷減等弊

鐵錐

水壺

說文錐銳器也釋名錐利也淮南子兵畧訓疾如錐矢鐵錐長四尺上豐下尖其豐處上有鐵耳便於手握修築堤工每坯試錐一遍用木榔頭下打拔起後以水壺貯水灌入錐孔不漏爲度若一灌卽瀉名曰漏錐半存半瀉名曰滲口存而不瀉名曰飽錐然試錐須直下不可搖動搖動則土塡孔中試亦不准且聞驗收土工時有用鮎魚涎榆樹皮汁和水灌下卽可飽錐者其弊不可不知

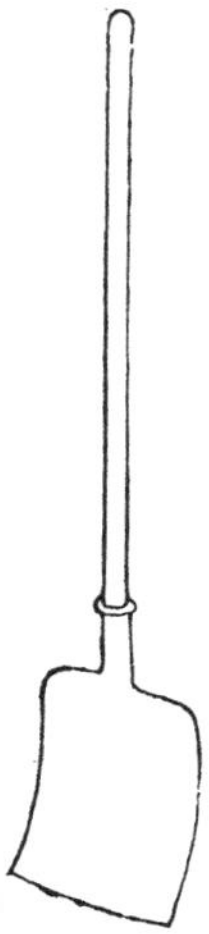

鐵杴

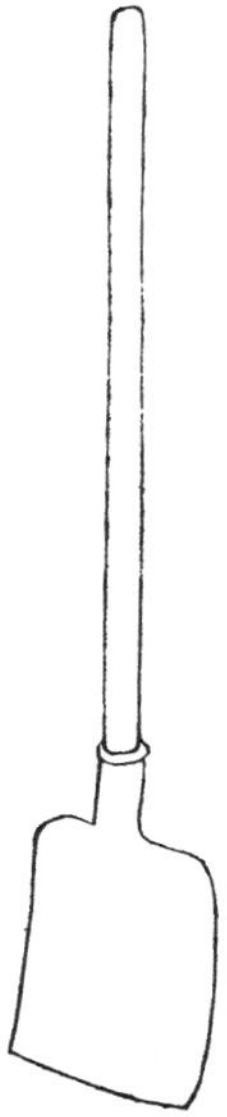

長柄杴

玉篇杴鍫屬正韻杴鍤屬但其首方濶柄無短枴與鍫鍤異事物原始杴或以鐵或以木爲之用以取沙土方言鐵者名跳杴木者名杴部三才圖會煆鐵爲首謂之鐵杴今土工利用之器凡搜尋埽尾後裂縫餘土及平埽面之土或十數把一二十把不等而與辦土工時所謂邊杴夫者卽持此物又有長柄杴係挑河出淤之具柄長則捽遠以便人立河槽窪處捽淤於岸也

片硪

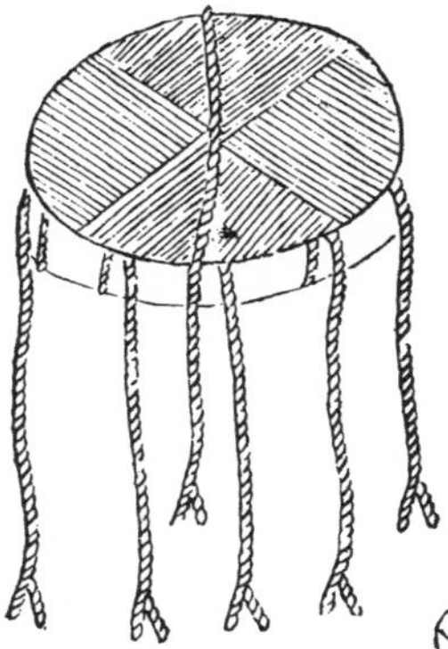

束腰硪

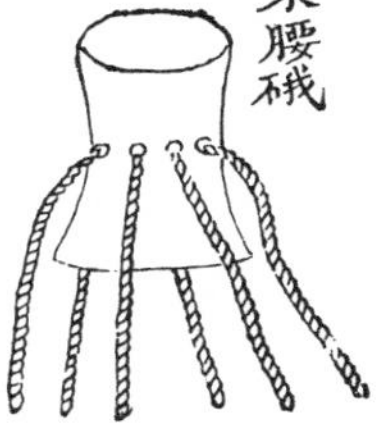

墩子硪

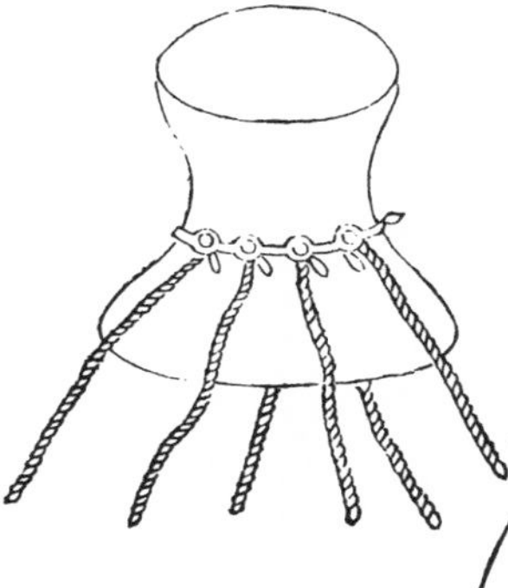

燈臺硪

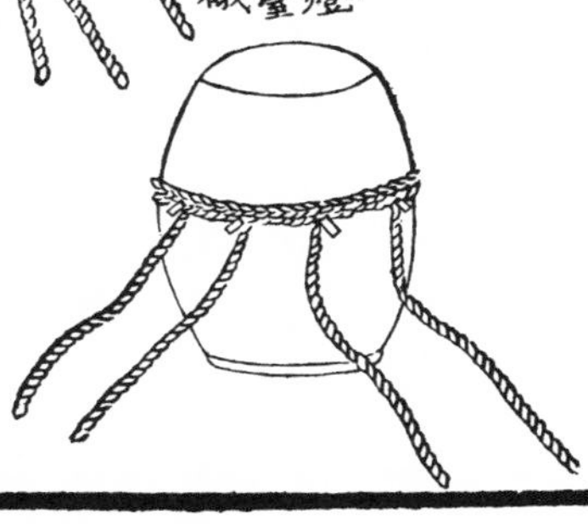

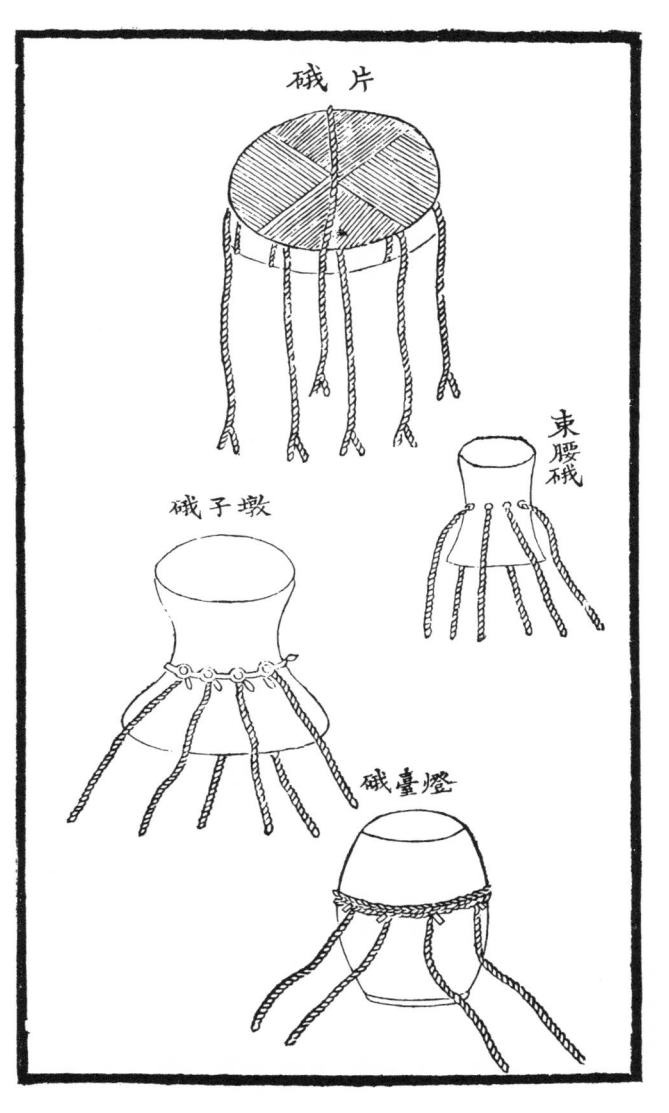

隄之堅實全仗硪工硪有墩子束腰燈臺片子等名四者之中墩子束腰宜於平地燈臺片子宜於坦坡統名地硪比雲硪重二三十觔下大上小凡築隄壩用以連環套打始得保錐又墩硪最重隊束用之燈硪稍輕淮徐用之腰硪片硪最輕高寶用之蓋因人力不齊之故至辮分長短以長爲佳緣長則抛得起落得重自增堅固再硪夫必須對手倘十八中有一二不合式者其築打之跡形如馬蹄硪雖重亦不保錐辦工者當隨時更换也至硪質向專用石近更有以鐵鑄者取其沉重又硪面平整近有於一面鑿起狀如五乳者俗曰乳硪名甚不雅然用以敲拍灰礓尤爲得力

木夯

字彙夯人用力以堅舉物禪林寶訓累及他人擔夯亦用力之意凡築室必先平地平地必須加夯大者長七八尺圍二三尺不等不獨河工然也工次木夯長四尺旁鑿兩鼻俾有把握塡墊獾洞鼠穴以夯夯之可期堅實又有四鼻者形製較秀俗名美人夯然其用實遜耳

圓石杵

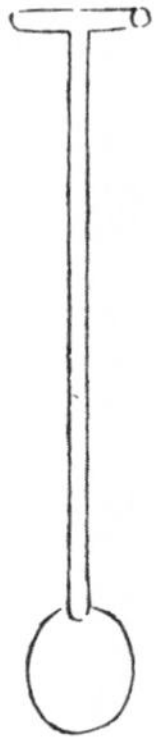

方石杵

易繫詞斷木爲杵字林直舂曰擣古人擣衣兩女對立各執一杵如舂米然其韻丁東相答後人易作卧杵對坐擣之取其便也今工上有石杵仍存古制琢石爲首受以丁字木柄俾一人可舉兩手可按用以平治土隄填築淢窩甚便至方圓則各肖其形各適其用耳

磟碡

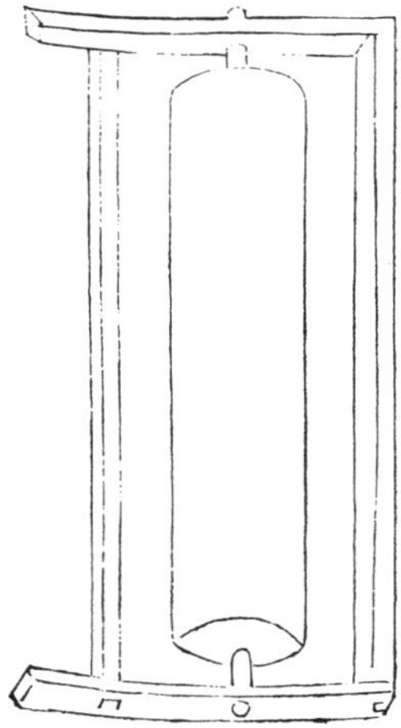

正字通磟碡石輥也平田器一作礁碡北方多以石南人用木其制可長三尺或木或石刊木括之中受簨軸以利旋轉農家藉畜力挽行以人牽之碾打田疇塊垡及碾捍塲圃麥禾工則用以平治堤頂且豫備葦纜打成用以砑壓可期軟熟

竹灰篩

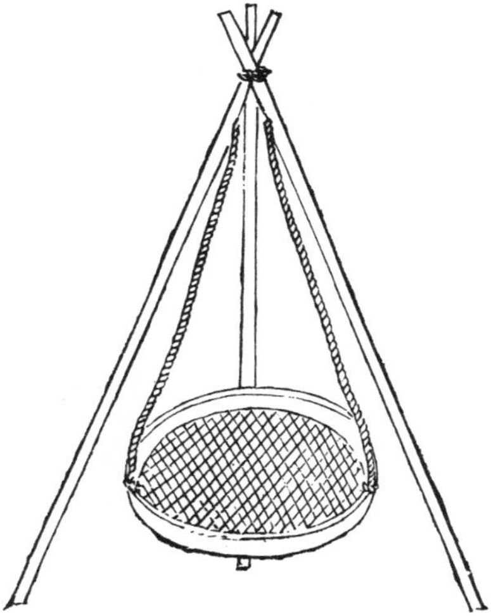

灰箕

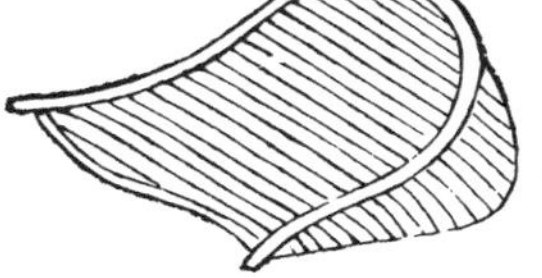

竹灰籃

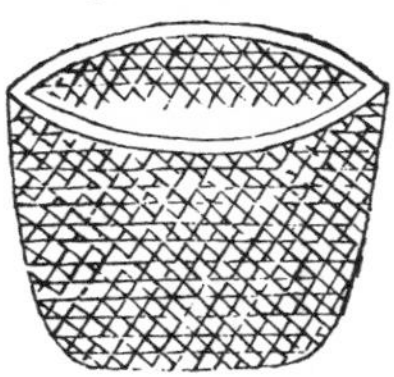

條帚

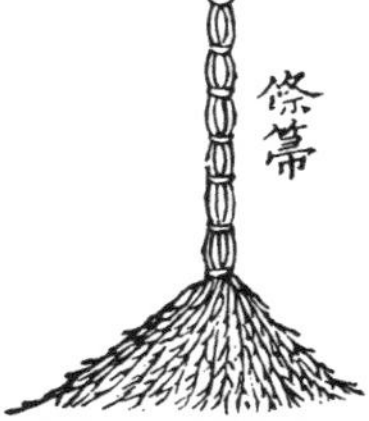

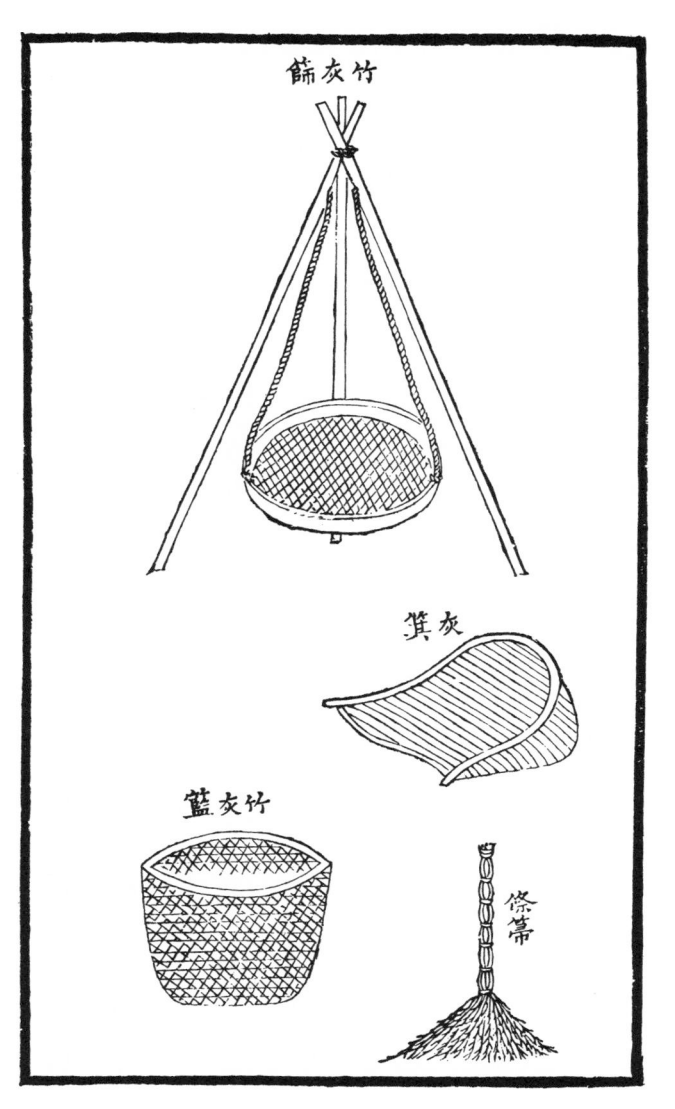

事物原始篩竹器留麤以出細者又去穀之糠粃者名曰簸箕自神農氏始詩云或簸或揚是也農書籃竹器周禮桃茢註茢苕帚所以埽不祥凡治三合土必須細石灰黄土沙土而欲灰土之細非此四器不爲功其用篩法向取三竹竿鼎足支立近上縛定挂以長繩貯灰土於中從底眼篩下承以竹籃其遺於地者以箕帚掃取乃得淨細

水梡

灰桶

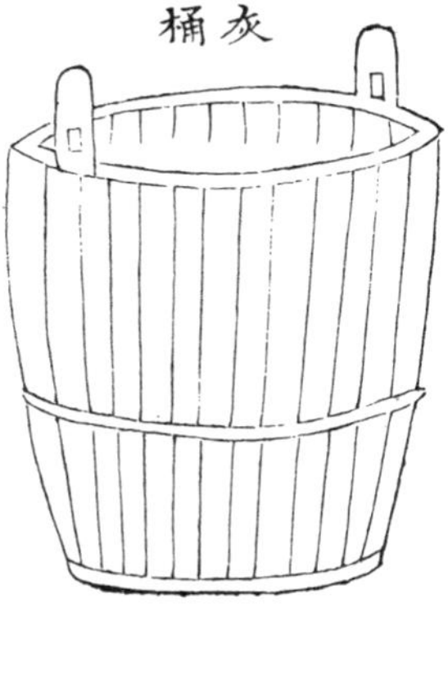

灰舀

事物原始夏臣昆吾作石灰孔氏雜說俗以和泥灰爲麻擣出唐六典南河石工後槽例用三合土係以灰土及米汁擣成其泡灰和灰之具有桶有梡梡小桶也又有灰酉爲挹灰水用說文挹彼注此謂之酉梡俗字無考

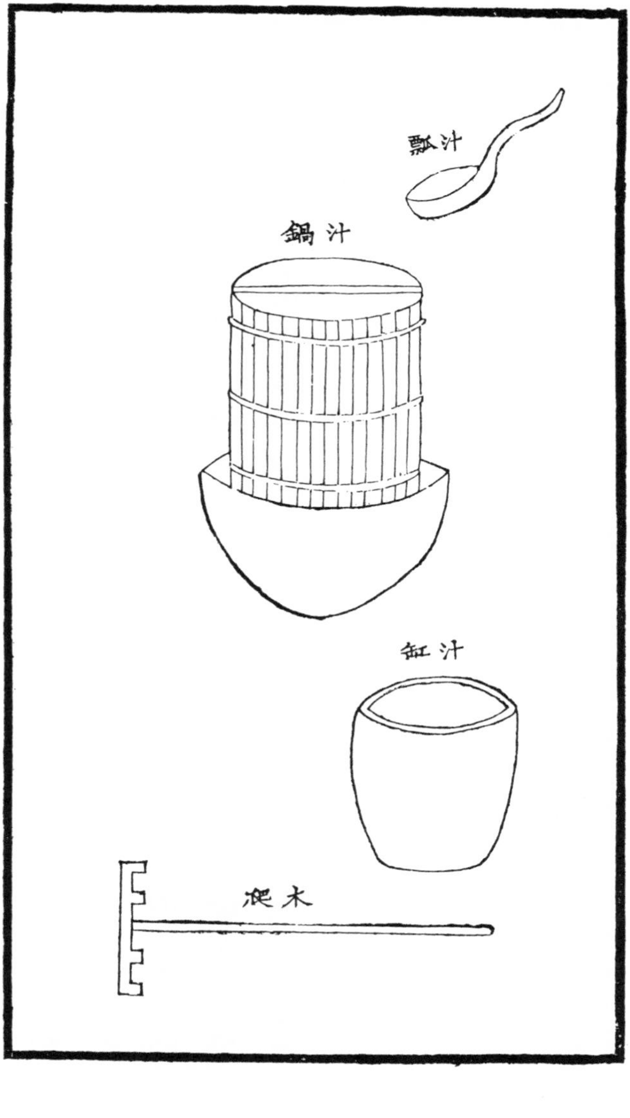
汁瓢
汁鍋
汁缸
木爬

説文汁液也又糯稻之粘者其汁爲漿廣韻鍋温器正字通俗謂
釜爲鍋集韻爬搔也農書瓢飲器許由以一瓢自隨顔子以一瓢
自樂汁鍋汁爬汁瓢汁缸皆取漿之器其法先以木桶加鍋上接
口𤏬煉糯米成汁隨時用爬推攪不使停滯用瓢酌取驗視濃淡
候滴漿成絲爲度然後貯以瓦缸備石工灌漿及拌和三合土之
用

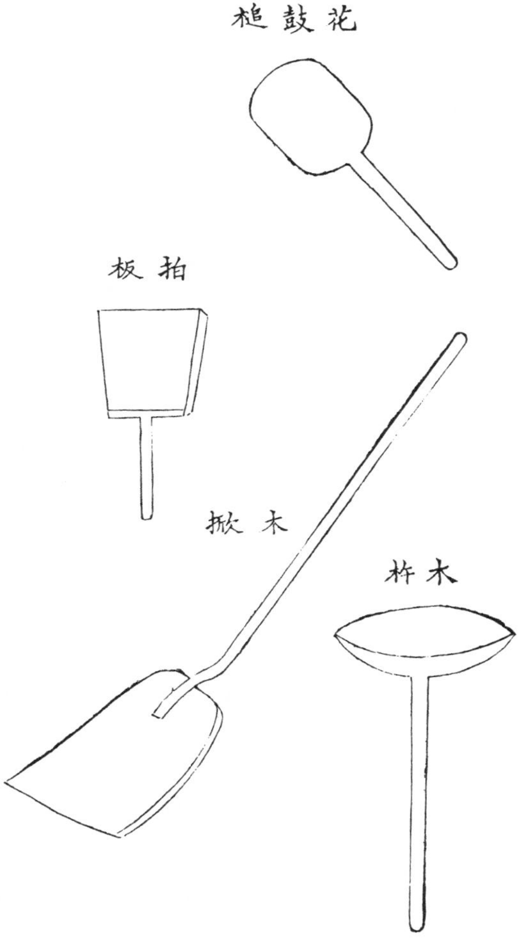
花鼓槌
拍板
木杴
木杵

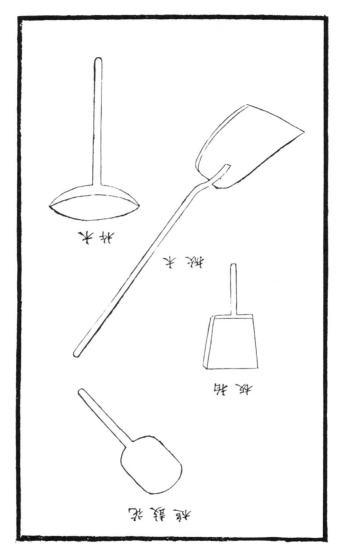

集韻搥擊也唐書搥一鼓爲一嚴釋名拍搏也以手搏其上也又掀舉出也又杵擣築也舂也四器皆以木爲之木掀爲拌和地上散土碎灰用木杵爲拌和桶内米汁與灰土用花鼓搥拍板均爲擣築三合土用其法先搥後拍退步緩打每坯以千百計候土面露有水珠爲度俗名出汗然後再加二坯自臻堅實矣

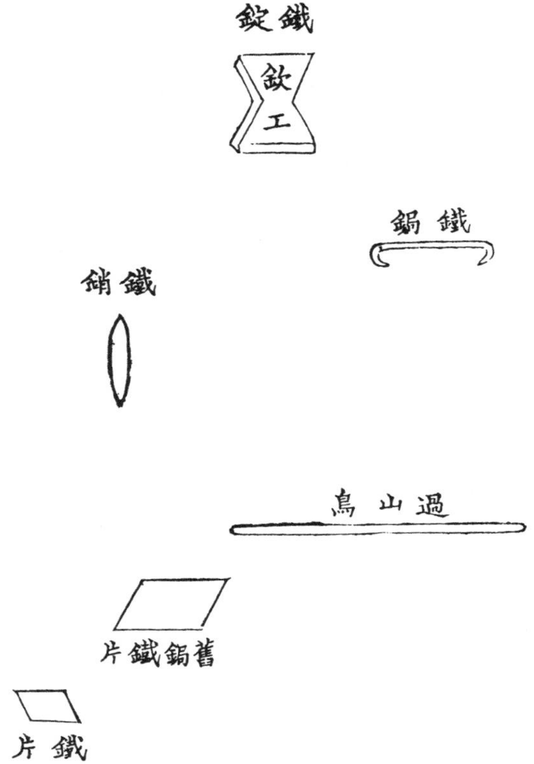
鐵錠
欽工
鐵鋦
鐵銷
過山鳥
舊鋦鐵片
鐵片

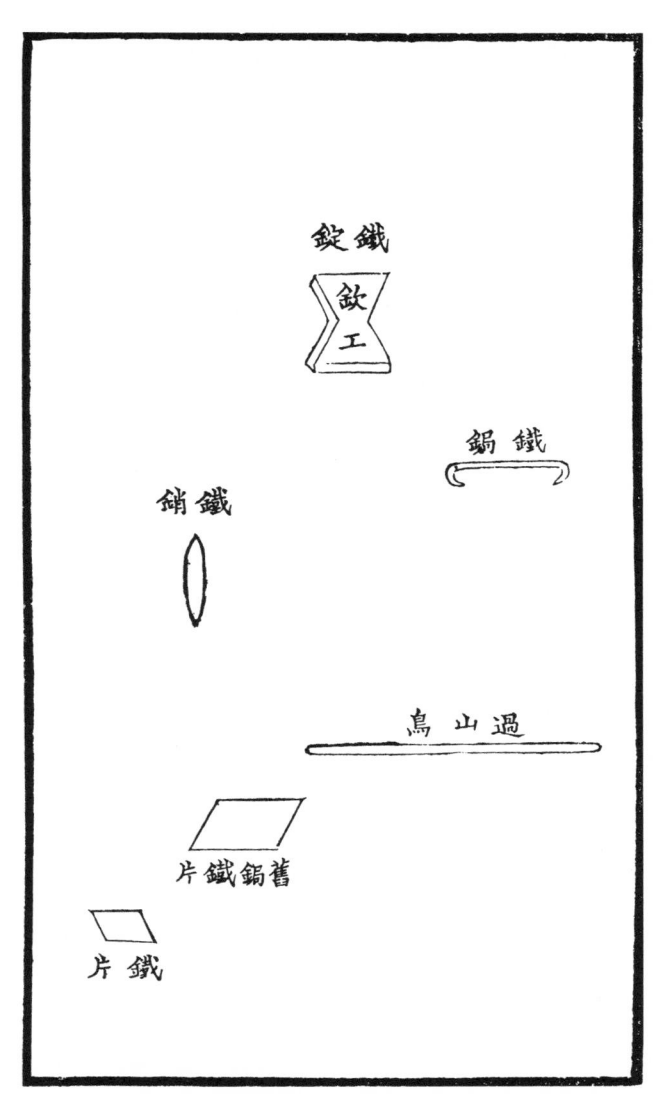

通雅鉼亦謂之笏猶今之謂錠也釋名銷削也能有所穿削也玉篇鍋以鐵縛物也河工成規凡閘壩面石例在對縫處用鐵錠轉角處用鐵銷横接處用鐵鍋均鑿眼安穩以資聯絡又有過山烏備砌工轉角之用舊鍋片鐵片備墊塞裏石縫口之用

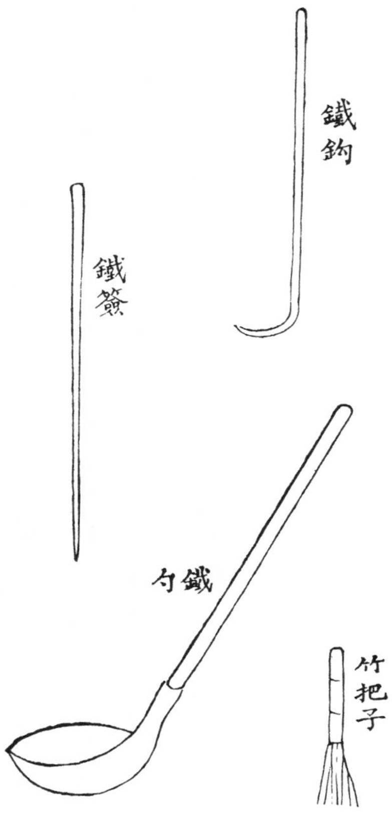
鐵鈎
鐵簽
鐵勺
竹把子

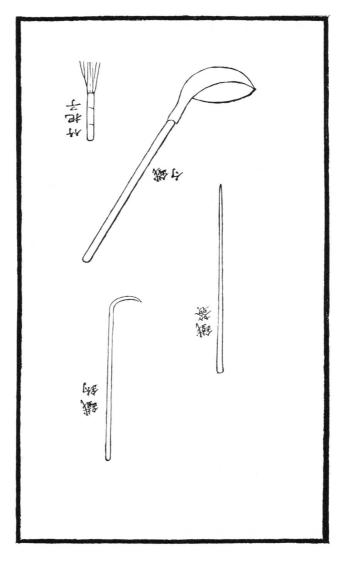

石工條石例應鏨鑿六面見光然一經排砌不能無縫且臨湖石工後用磚櫃設非灌漿斷難膠固其具有四曰勺曰鈎曰籤皆以鐵爲之曰把以竹爲之按説文勺挹取也象形中有實周禮考工記勺一升鐵勺用以挹漿灌時預核層路尺寸酌定多寡使漿無糜費又玉篇鈎致也曲也説文籤驗也銳也鐵鈎鐵籤用以探試石縫磚櫃使漿無沾滯把漢書注手搯之也竹把用以抿膩縫隙使漿皆充滿

泥抹

圓瓦刀

方瓦刀

古史考夏臣昆吾作瓦爾雅釋宫鏝謂之杇疏鏝者泥鏝一名釫塗工之作具也增韻亂曰塗長曰抹今匠人所用泥抹係以薄鐵爲底狀如鞋前尖後寬上安木柄爲夻手搕即古之鏝爾瓦刀鑄鐵爲之長七寸首長二寸前窄後寬餘五寸爲柄其頭南多圓北多方形製不同均爲削治磚瓦之用俗名抹刀一名挖刀河工苫蓋廠堡修砌磚櫃所必需也

水基板

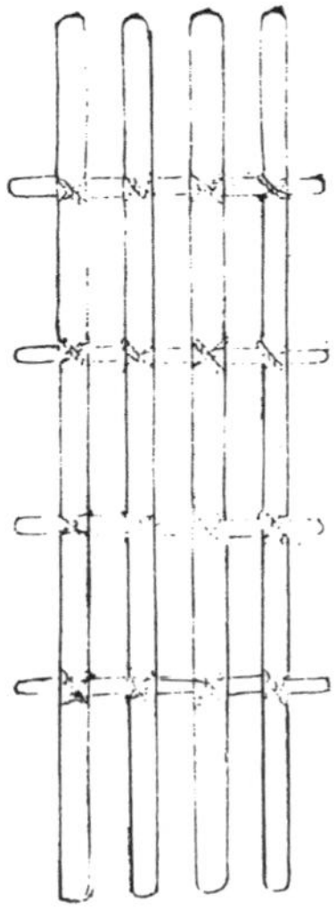

水基板一名水基跳河底泥滓無從着脚用木配成板或用大竹以谷草縛縵排做如地平式長一二丈人立在上如履平地得以挑挖揚子方言基據也在下物所依據也人在泥中板有所據故曰水基

橇

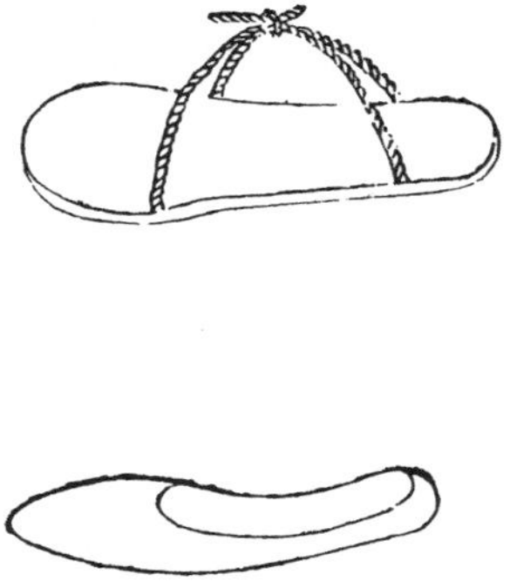

橇泥行具也史記夏本紀泥行乘橇孟康曰橇形如箕擿行泥上
農書云嘗聞向時河水退灘淤地農人欲就泥裂漫撒麥種奈泥
深恐没故制木板以爲屐前頭及兩邊高起如箕中綴毛繩前後
繫足底板既潤則舉步不陷今之退灘淤地種麥者著履如木屐
猶泥行乘橇之遺歟

柳斗

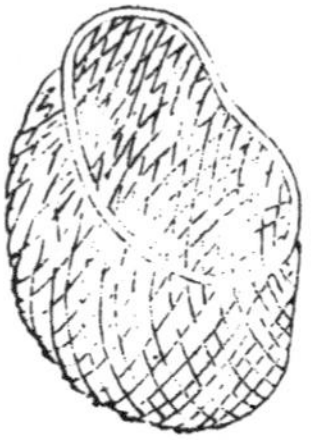

布兜

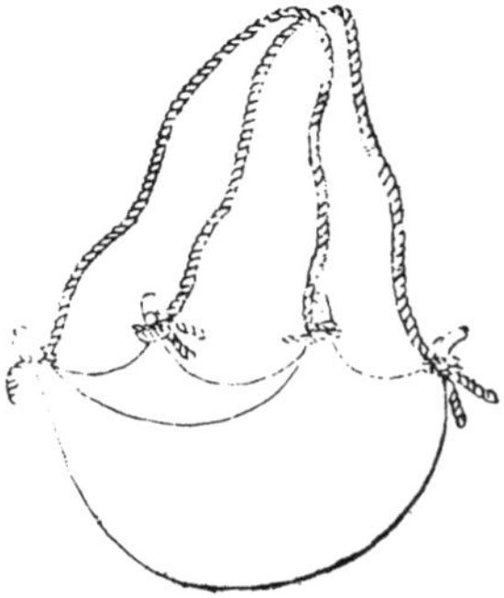

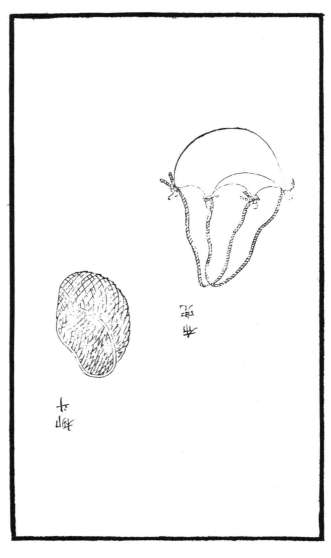

漢律歷志量者龠合升斗斛也十龠爲合十合爲升十升爲斗十斗爲斛柳斗柳條編成口紮竹片其形似斗挑河戽水用之若挑河挑出稀泥筐不能承用布兜爲佳

麻布兜

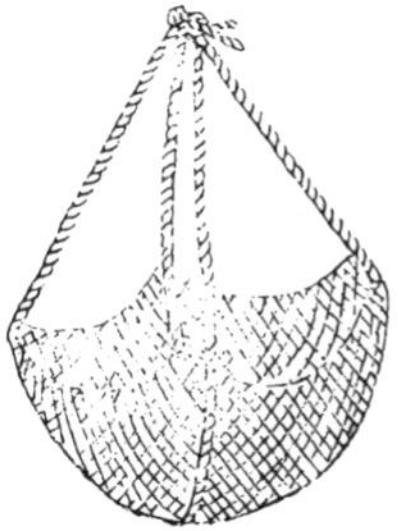

長柄泥合

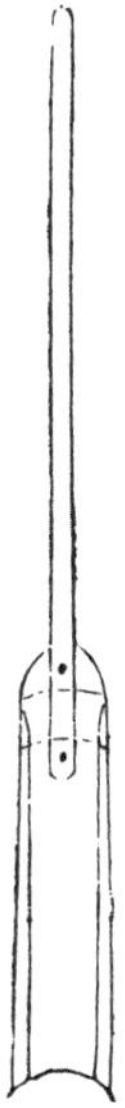

泥合子

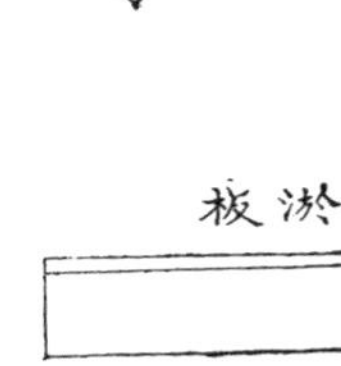

刮淤板

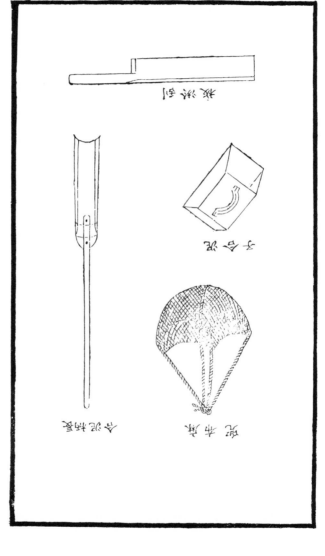

河工挑淤之具布兜外尚有麻兜長寬對方二尺四寸口連四角包繫以繩用之盛淤漏水又泥合子堅木爲之寬尺二長尺八高四寸中安提把用之戽淤轉貯又長柄泥合堅木爲柄長四尺六寸柳木爲首長一尺四寸狀如蒲鍬邊高中凹相接處加束鐵箍鐵鍋用之捽淤於遠又刮板刻木爲之連柄長三尺寬六寸用之刮淤入合

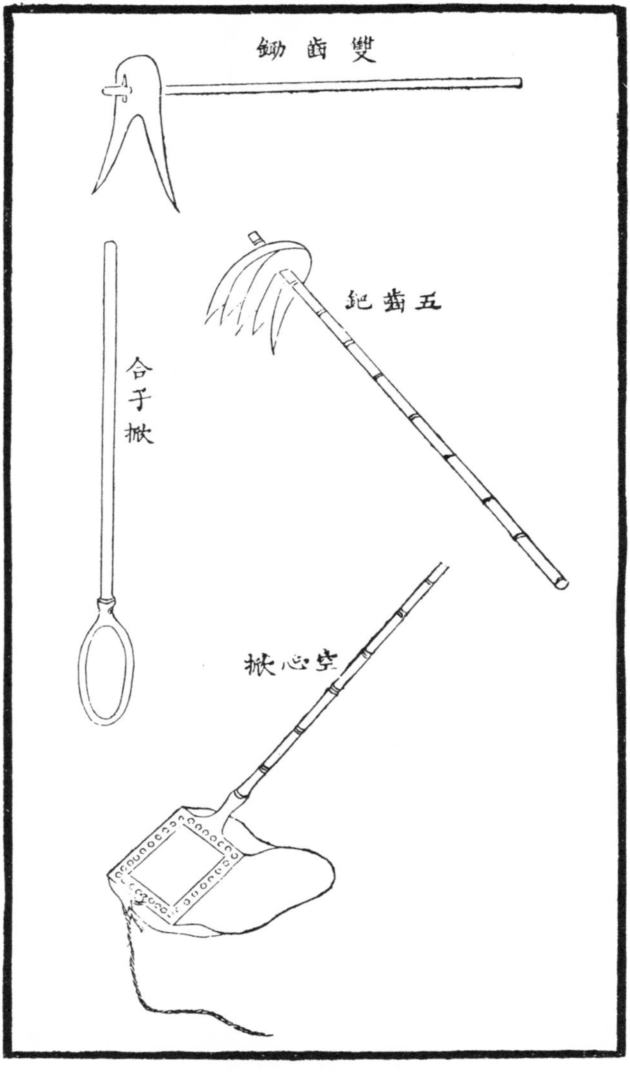
雙齒鋤
五齒鈀
合子掀
空心掀

正字通鈀鉏屬玉篇撳鍪屬合于撳㓱木爲首中凹如勺四圍鑲
鐵可盛稀淤空心撳刳木中空四面鑿眼釘布袋於撳後用長竹
爲柄前繫一繩撈浚稀淤一人引繩一人扶柄雙齒鋤鍛鐵爲首
形如燕尾受以木柄可破砂礓五齒鈀鍛鐵爲齒形長而扁受以
竹柄可除膠淤皆爲撈浚利器

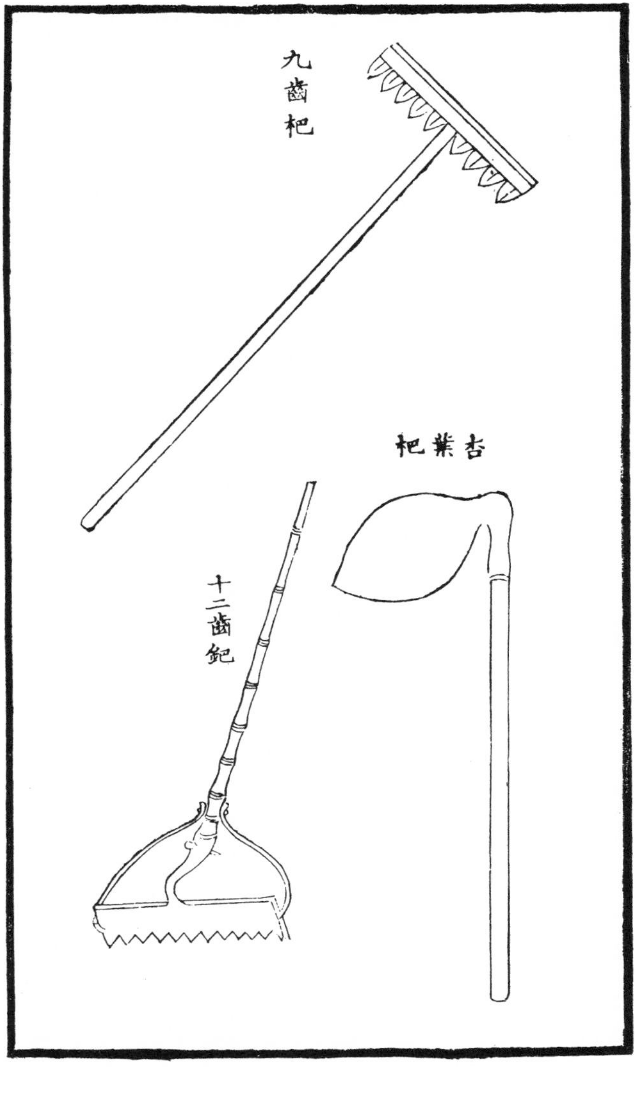
九齒杷
杏葉杷
十二齒鈀

釋名齊魯謂四齒曰欋郭璞方言注無齒爲杈急就章注無齒爲朳有齒爲杷齊民要術杷謂之鐵齒鎘鎒方言杷宋魏閒謂之渠挐或謂之渠疏他如穀杷耘杷竹杷又有齒曰耖無齒曰耮皆杷屬也厥名不一其用不同九齒杷橫木爲首鍛鐵爲齒每齒約長三寸爲破除塊壤搜剔瓦礫利器杏葉杷鍛鐵爲首形如杏葉受以木柄爲撈浚河底淤柴之器十二齒鈀鑄鐵爲首曲竹爲柄首長一尺五寸寬四寸厚三分爲撈拉淺水沙淤之器

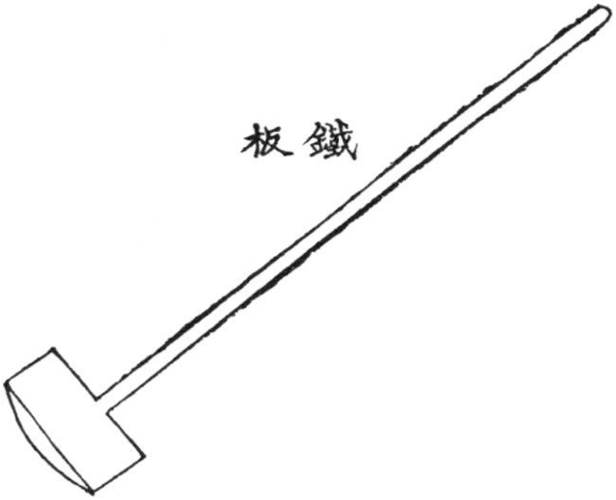

鐵板

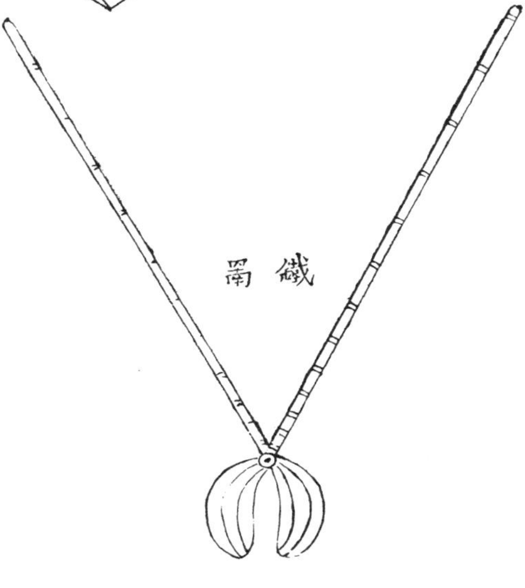

鐵罱

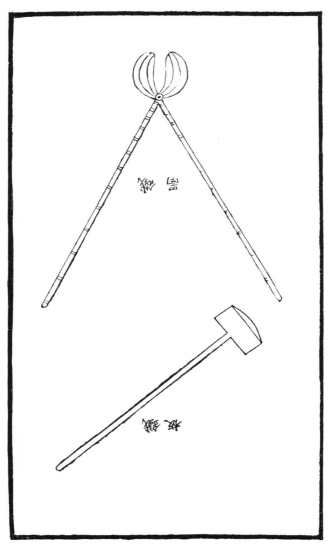

玉篇罱夾魚具三才圖會鏵鍸而薄翻覆可使今起土撈淺之具有鐵板其首類鏵受以長木爲柄又有鐵罱鑄鐵如勺中貫以樞雙合無縫柄用雙竹凡遇水淤駕船撈取以此探入水內夾取稀淤散置船艙運行最便

吸笆

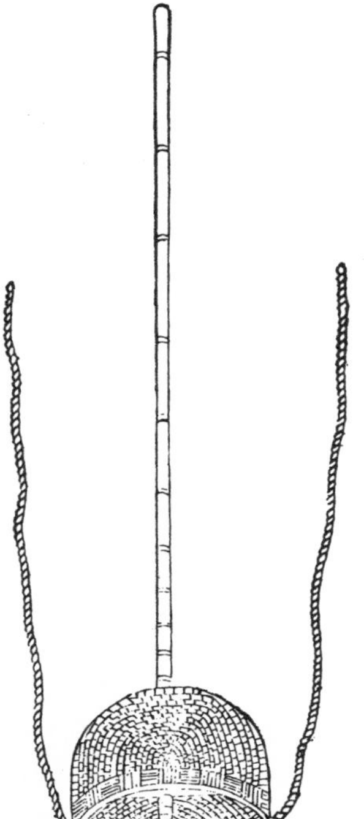

説文吸內息也正字通吸引也六書故俗謂飲曰吸篇海笆竹有刺者史記索隱江南謂葦籬曰笆有竹斗編眼如籬因名笆斗今治淤器有名吸笆者其制取斗口向下兩旁各繫繩一中貫竹竿遇有沙淤積成土埂之處用船排泊人持一笆插入河底時起時落刻不停手自得吸引之妙歷時既久埂去河深矣

戽斗

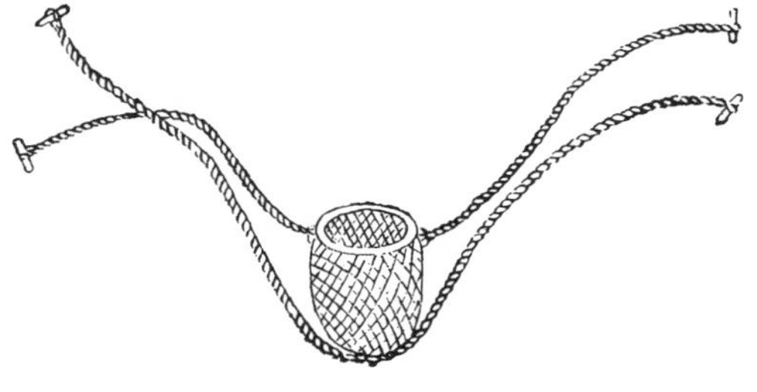

廣韻戽抒也物原公劉作戽斗叉戽以木爲小桶桶旁嘗繫以繩兩人用以取水名曰戽桶如堤內陂塘瀦蓄地澗水深宜用翻車地狹水淺宜用戽斗南方多以木器北人多以柳筲從所便也

水車

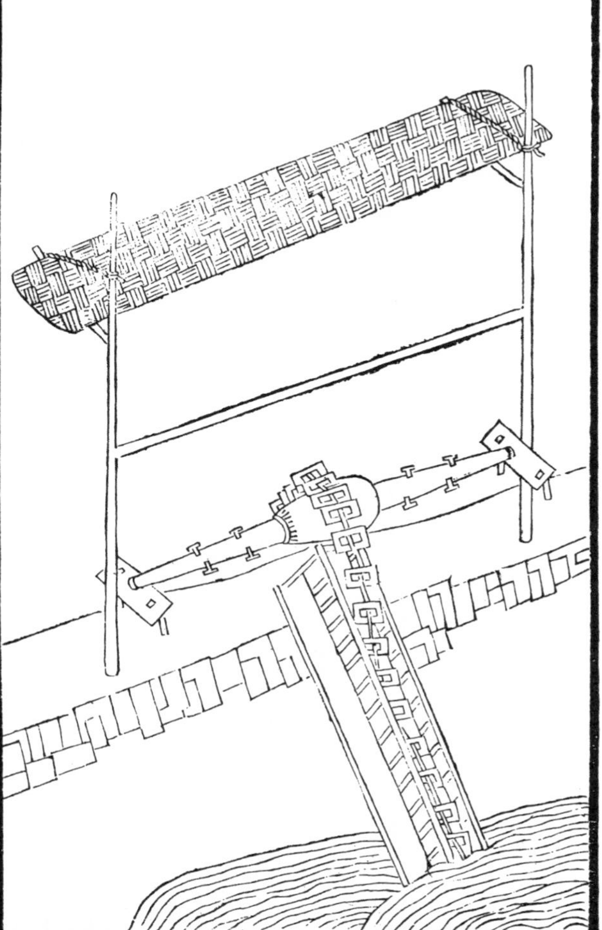

水車農家所以灌漑田畝取水之具也今河工用以去水又名翻車魏畧以爲馬鈞所作王鳳稑名物通江浙間目水車爲龍骨車其制除壓欄木及列檻樁外車身用板作槽長可二丈濶四寸至七寸不等高約一尺槽中架行道板一條隨槽濶狹比槽板兩頭俱短一尺用置大小輪軸同行道板上下通遍以龍骨板葉其在上大軸兩端各帶枴木四莖置於岸上木架之間人憑架上踏動枴木則龍骨板隨轉循環行道板刮水上岸堤內積水無處疎通日久不涸當以此法治之

水輪車

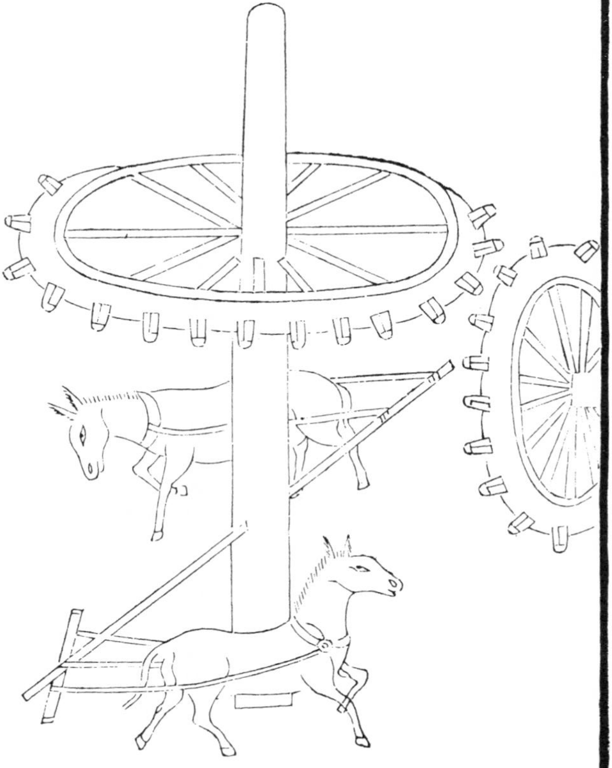

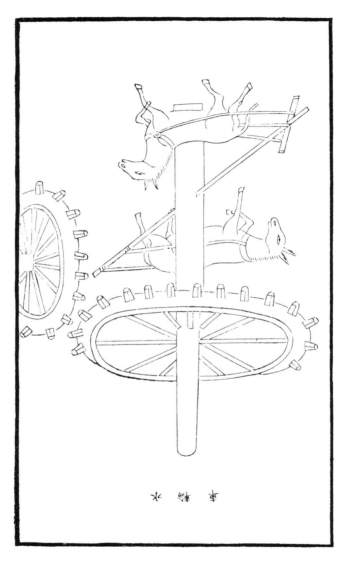

水輪車其制與人踏翻車同但於流水岸邊掘一狹塹置車於內
外作豎輪岸上架木立軸置一卧輪其輪適與豎輪輻支相間用
衛拽轉輪軸旋翻筒輪隨轉比人踏功殆將倍之元王楨詩云世
間機械巧相因水利居多用在人可是要津難必遇却將畜力轉
筒輪

木犁

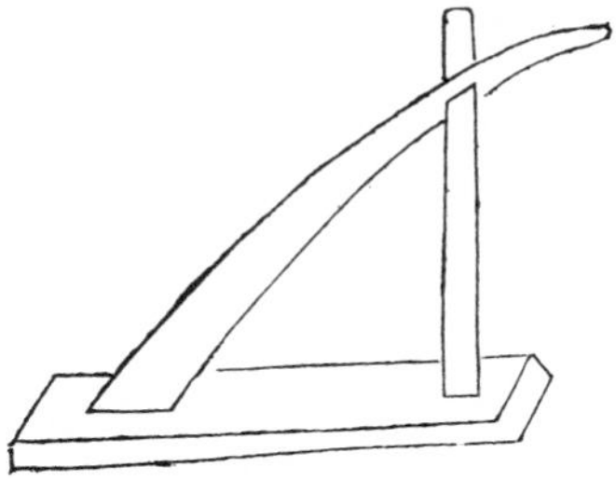

牛犁

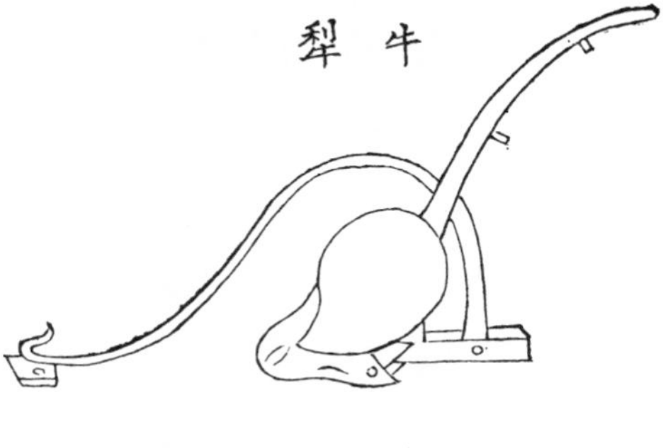

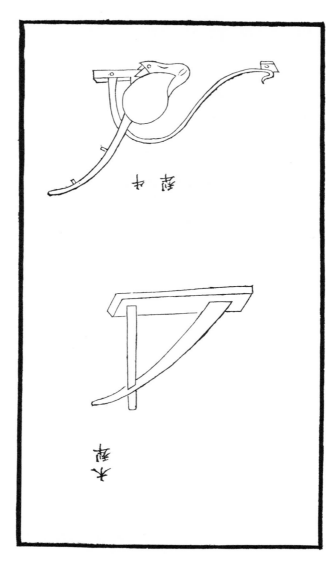

廣韻犂墾田器釋名曰犂利也利則發土絶草根也利從牛故曰
犂山海經曰后稷之孫叔鈞所作魏畧曰皇甫隆爲燉煌太守教
民作樓犂宋史淳化五年武允成獻踏犂一具不用牛以人力運
陸龜蒙耒耜經冶金而爲之者曰犂鑱曰犂壁斲木而爲之者曰
犂底曰壓鑱曰策額曰犂箭曰犂轅曰犂梢曰犂評曰犂建曰犂
槃凡十有一皆指農具而言他如巨艦行淄水中舟人在岸以木
犂插土收勒繩纜亦名犂工次進埽前推後捲恐人力不齊犂亦
必用之物但其製與農具不同且斲木而不冶金耳又疏濬引河
有牛犂之法所用犂卽係農具惟施之淺水則宜

鐵笆

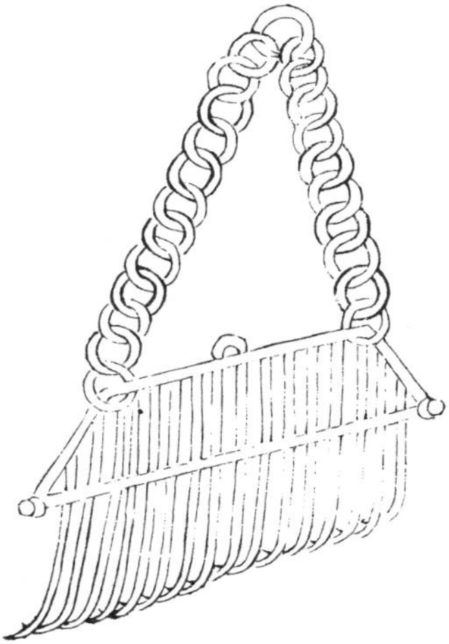

廣韻笆竹名出蜀郡竹有刺者竹譜棘竹駢深一叢爲林根若推
輪節若束針亦曰笆竹鐵笆鑄鐵象形爲之亦挑河疏淤之具也

鐵篦子

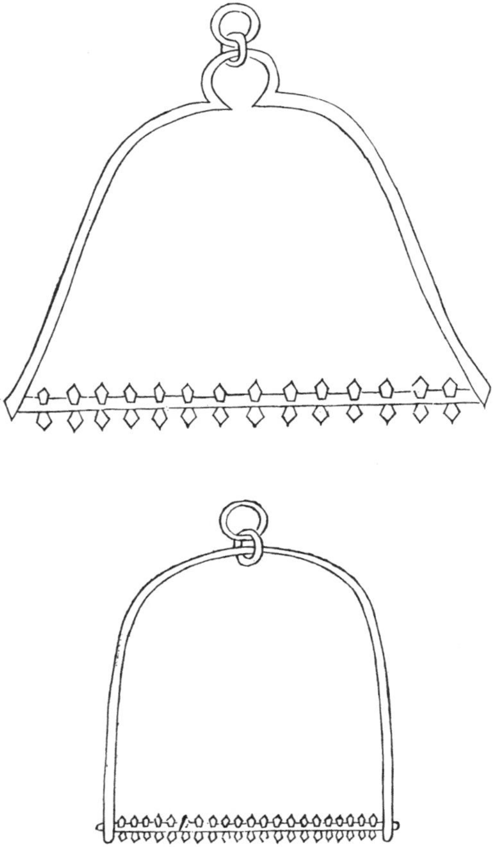

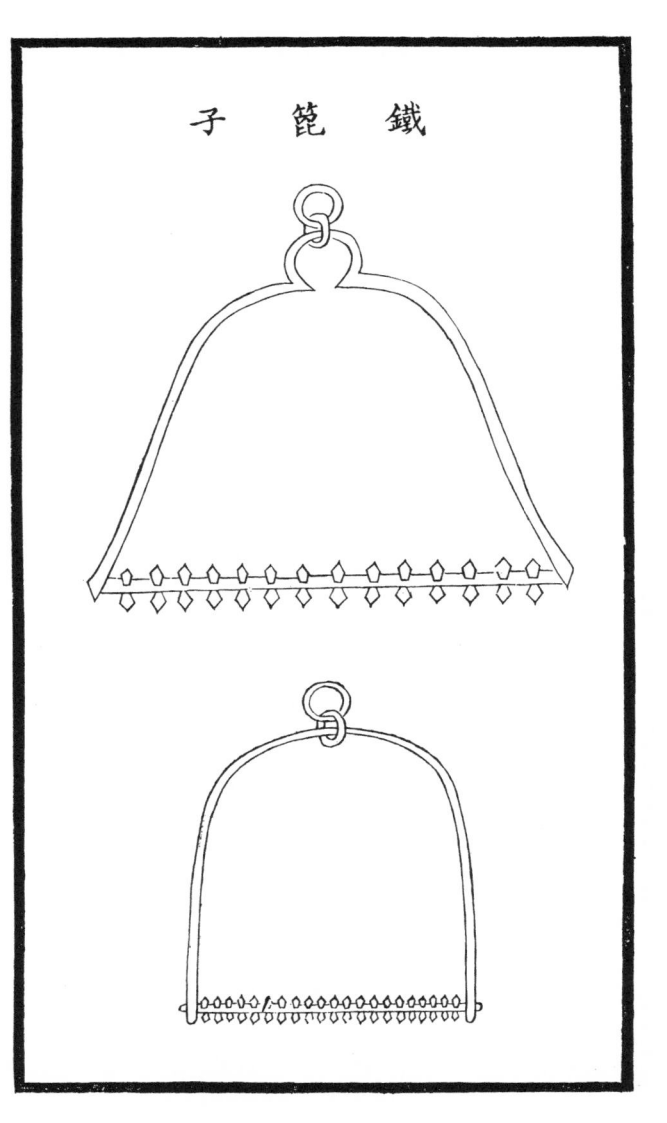

鐵篦子疏河之具物原神農作篦筐詩魏風佩其象揥揥卽今之篦子取其疏利鑄鐵以象形故名其製不一大者如鸚鵡架高六尺六寸上嵌鐵鐶一下排鐵齒十四每齒長七寸小者形如箕高二尺八寸上嵌鐵鐶一下排鐵齒二十一每齒長四寸五分其用法以大船一隻繫鐵篦子於船尾往來急行不使流沙停滯但下水順風張帆較快若上水則兩岸須用蝦鬚纜多人牽挽方可倘船行稍緩卽無效矣曾歷試不爽南河又有混江龍虎牙梳等具木質鐵齒稍爲便捷其用畧同

混江龍

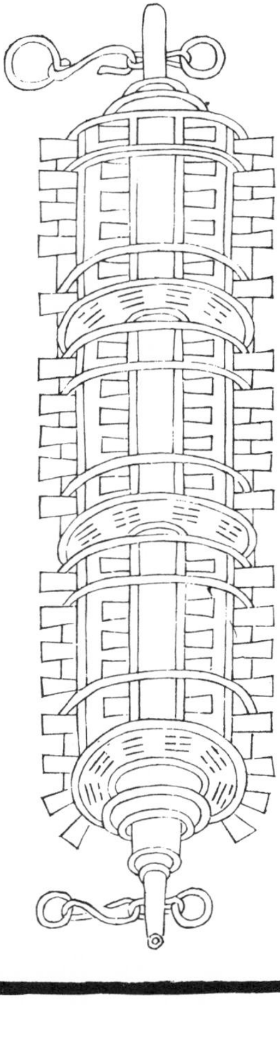

車以硬木爲軸長一丈一尺五寸圍一尺二寸周身密排鐵箭兩頭鑿孔穿鈎繫繩每車用輪三箇每輪排鐵齒四十每齒長五寸輪身用鐵箍四道間釘鐵杈如八卦式用船牽挽而行泥可翻動顧嘗試之於順水尚可流行逆水則船重難上車亦無從置力此外尚有泥犂等具均備疏濬之用大約重則沉滯輕則浮漂非利器也姑存備考

清河龍式

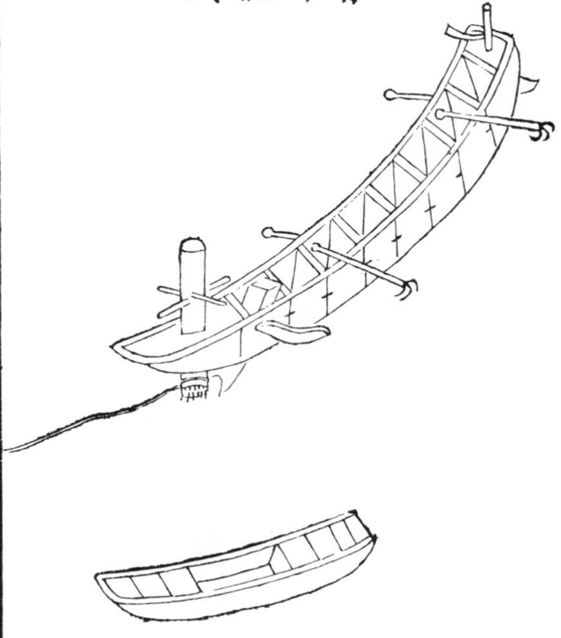

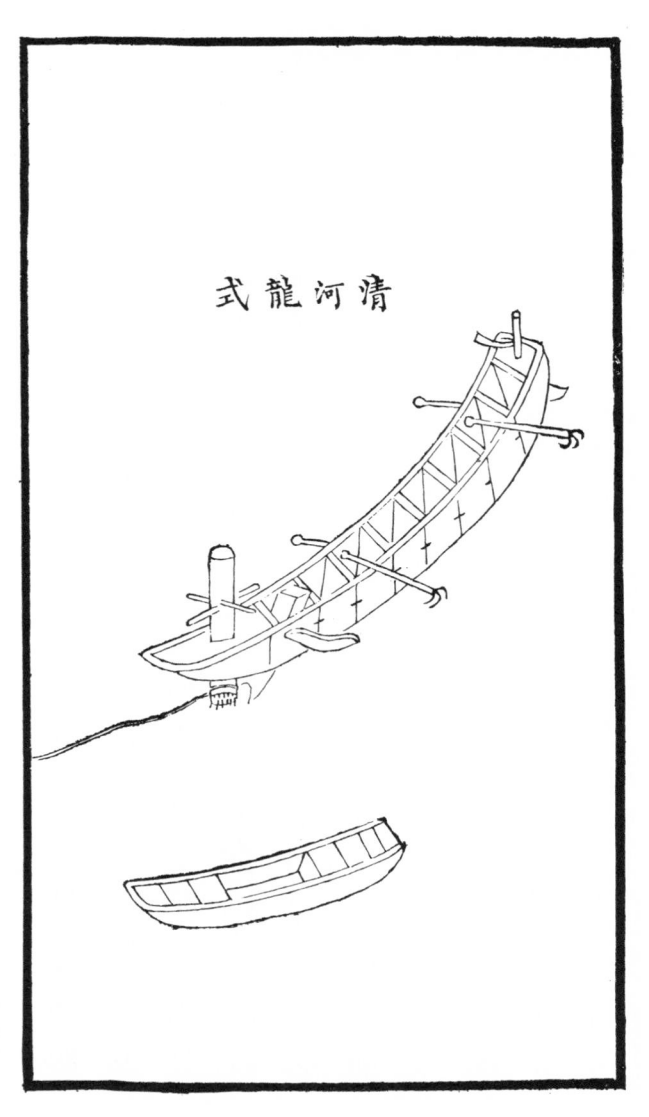

此具創自黃司馬樹穀凡九艙末一艙安舵爲龍尾其七爲龍腹每艙寬八尺長九尺高六尺各自爲體聯以鐵鉤第一艙爲龍頭長二丈頭上合二板中安一柱柱身即絞關也柱下圍以鐵齒柱後爲龍口口內之末用鐵爲龍舌舌上爲龍喉內襯鐵皮其法以人推關船自前進齒動泥鬆從舌入口逆喉而上出口落艙一艙滿就隄卸泥以次更換卸畢復聯成一龍再柱凡十眼水漸深則柱漸下口亦漸長又龍口內有物曰探泥一曰格水使水不得入喉喉之外有板曰批水象龍頰也用以分水腹之外有把曰剔泥象龍爪也用以梳泥龍之外又有小船備探水深淺繫繩解卸等用名曰子龍其用法以兩龍繫繩對繳中距二十丈龍既對頭河

底自深前人曾如法試之運河不無小效黃河則隨過隨淤竟屬無用姑存此圖備考

換牌

過水簸

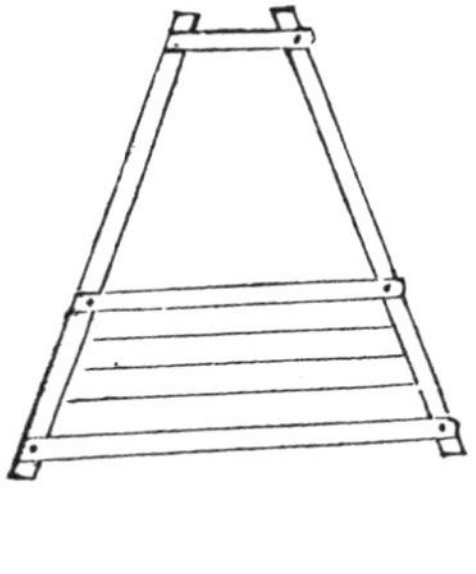

六書故挨旁排也揚子方言强進曰挨正字通凡物相近謂之挨挨牌逼水板皆運河淺滯純用人力逼水行沙之具其制挨牌上下相同逼水板上窄下寬約高六七尺寬三尺中安横櫬三道兩面横釘厚板用人夫在背後擎托立淺水處八字擺設藉以逼刷深通然祇能用於數丈之地長則無益

鐵扳子

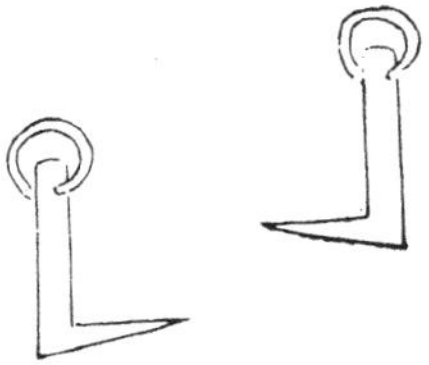

鐵創

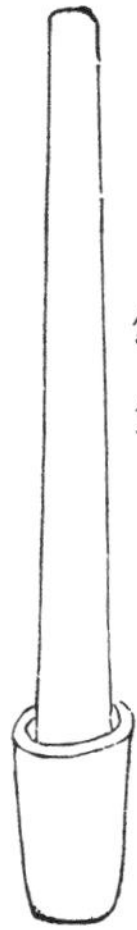

鐵壯

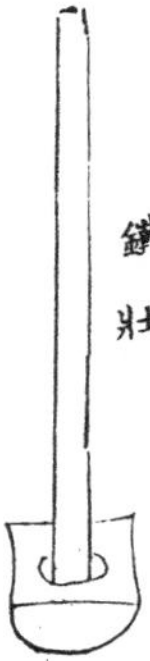

鐵鴨嘴

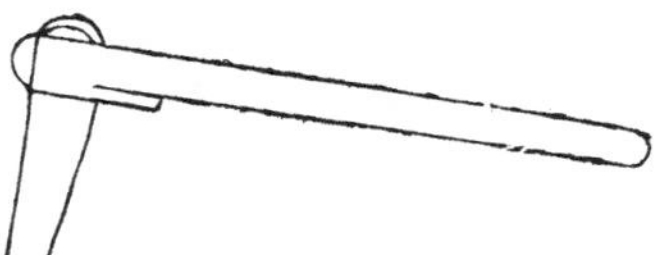

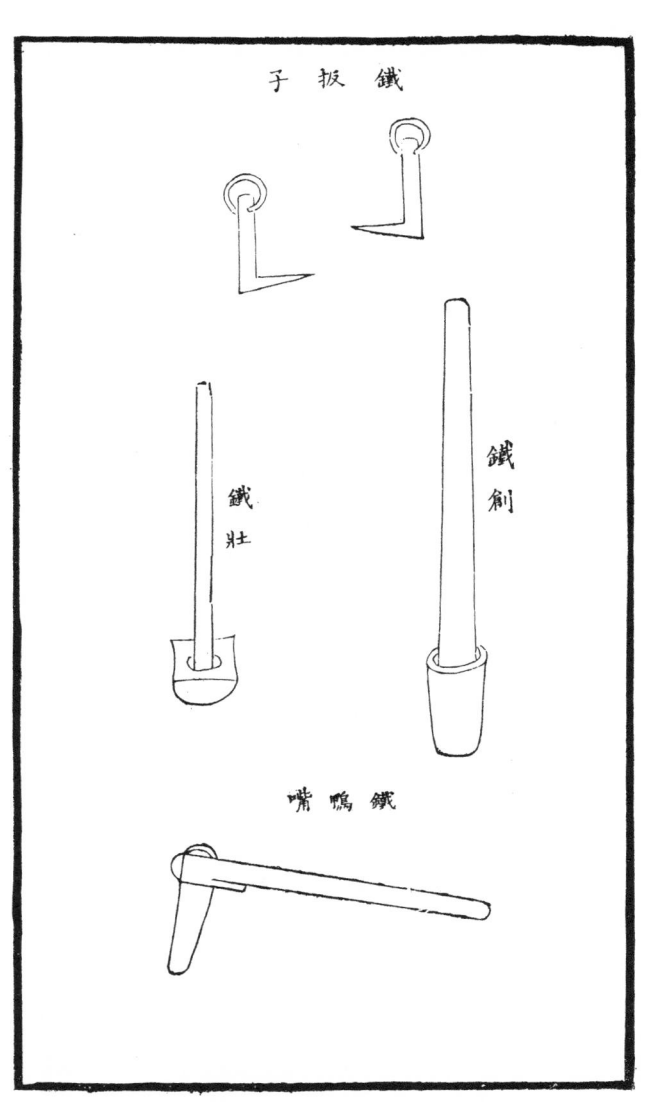

釋文鋤助也去穢助苗也首長而扁一名鴨嘴本田器河工修築土石工亦用之叉鐵扳子俗名狠虎形如扁鈎寛厚二寸許長連灣鈎尺許上有鐵環凡鈎石如石在水下半陷土内鈎撈未能得力卽以扳子二個分扣鈎竿千觔繩上將扳子灣處裁入土下緊貼石底以便鈎起叉鐵創長數寸至尺許圓數寸至一尺扁頭上以堅木爲柄凡補修石工水下石縫參差鐵撬短細非創不爲功叉鐵壯方不及尺厚數寸上方下圓中孔安木柄凡築打灰䢇土用之今則易以石硪此具久不用然尙存壯夫名目

石壯

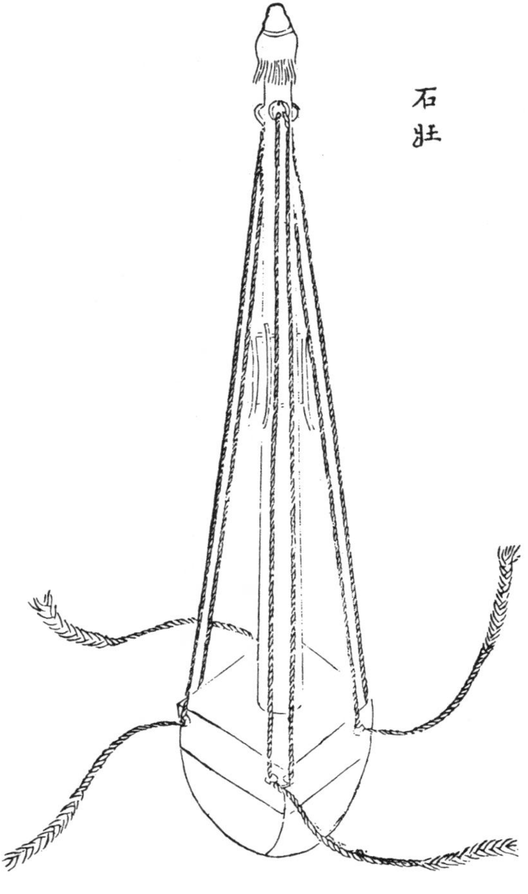

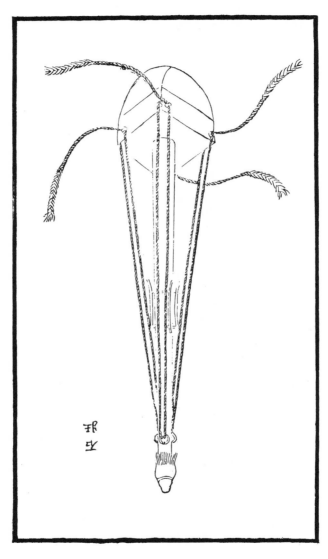

凡修建石工石後砌磚櫃磚後築灰土以期堅實但築打灰土若用硪工硪係抛打未免震動磚石是以舊時用壯其製琢石爲首上方下圓四隅有眼各繫蔴辮上安木柱長六尺柱頂有四鐵圈緊對壯隅以繩絆緊柱腰四面有木鼻用時四人對立各執其一再以四人提辮齊提齊落然後用夯及木榔頭撲打則灰土成矣

油灰碾

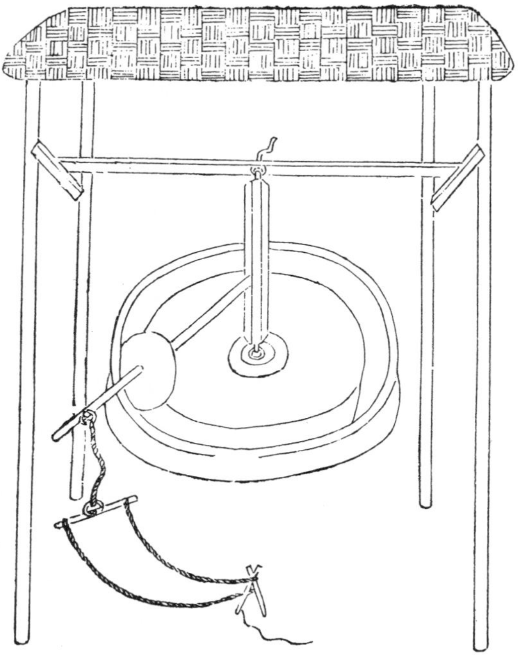

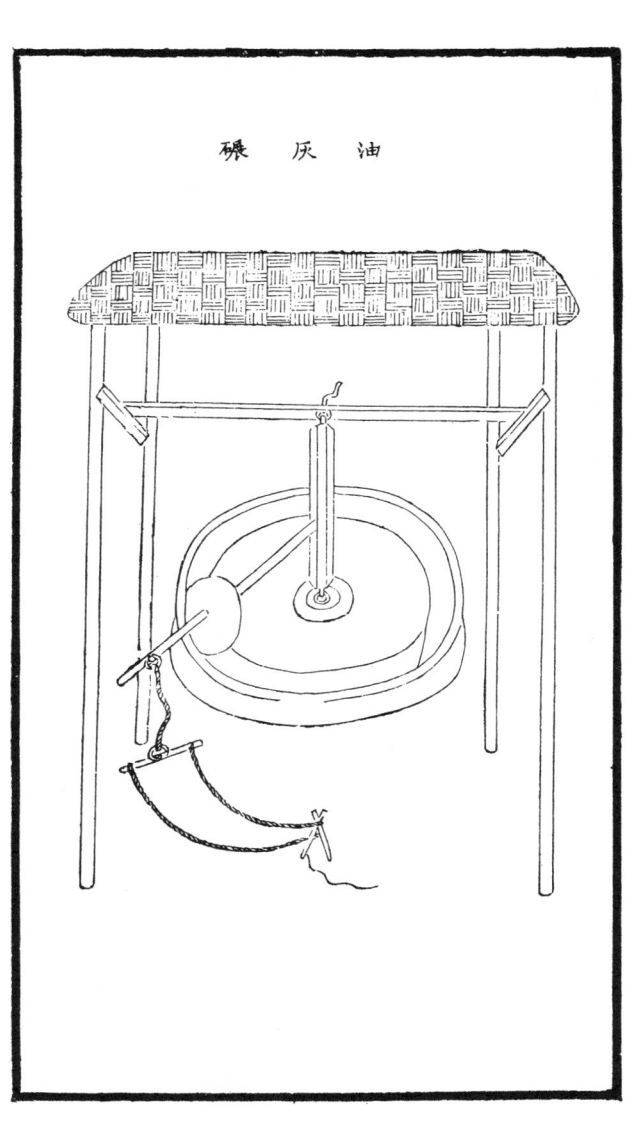

集韻碾水輾也轉輪治穀也凡修建閘壩須用油灰以資膠固其合製之法用石碾石碾週圍砌成石槽碾盤中央安置碾心木上下有軸上置碾擔下置碾臍槽内用石碾砣形如錢中安木柄一頭接碾心木一頭駕牛俾資旋轉貯細石灰淨桐油於槽内務使油灰成膠爲度

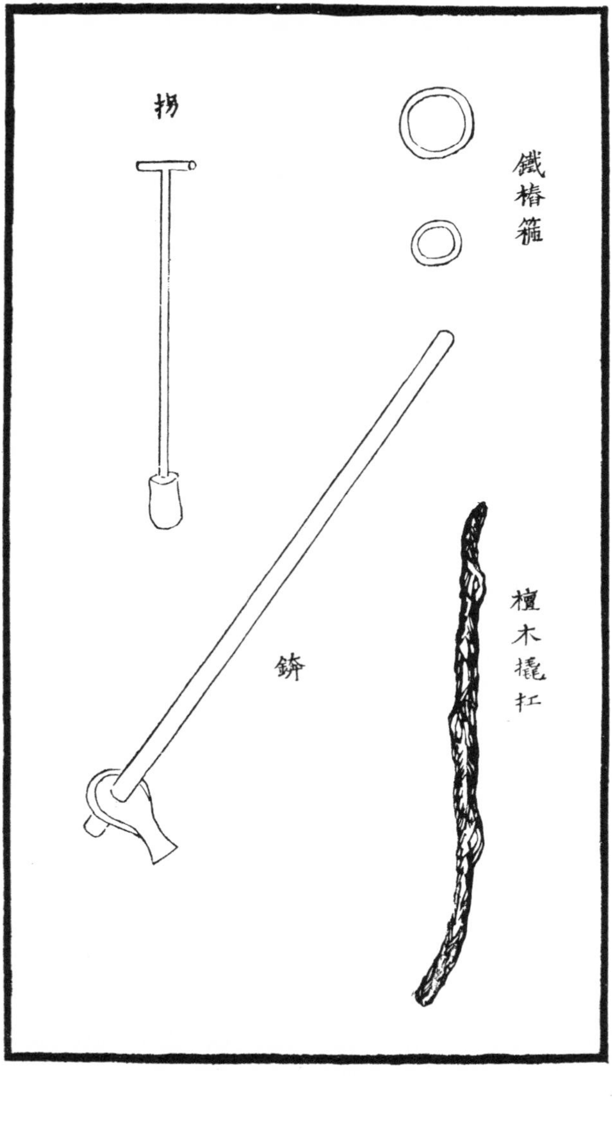
拐
鐵樁箍
鏟
檀木撬杠

集韻錛平木器也鐵首木柄狀如魚尾鋒利削樁比斧較易廣韻箍以篾束物也大小鐵樁箍均厚五分簽樁時驗樁之麤細用箍之大小按頂套護庶行硪時不損樁頂拐係鑄鐵爲首形如懸膽重二觔受以丁字木柄長二尺二三寸與鐵杵彷彿每逢兩樁並縫用拐搗築以期堅實檀木撬損係釣撈時水下活石之具長六七尺取其便耳

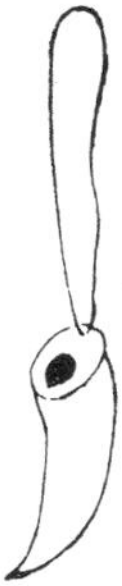

角硯

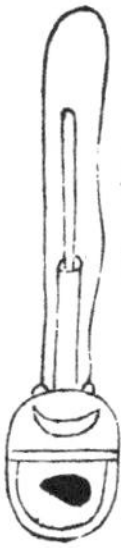

佩硯

櫻印

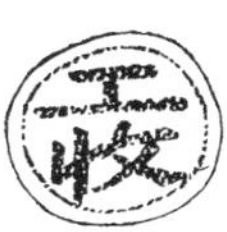

印桶

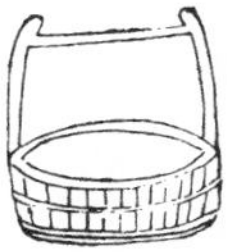

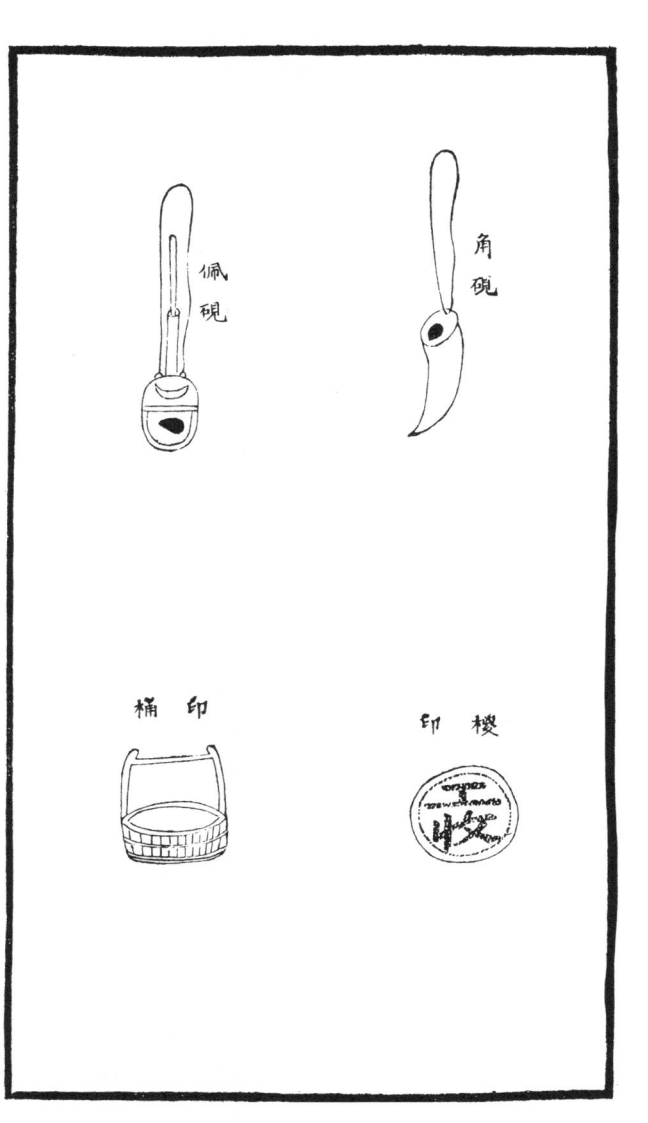

驗工器具除皮灰印木灰印外又有樱印以數寸木板不拘方圓編樱作字印桶以木爲之身淺深高内貯薄蒜灰土桐油以便臨工查收時蓋印記識卽遇雨水不致滌去又佩硯或角或銅均用新棉一小團飽染墨水塡貯其中同筆繫帶爲隨時估收登記之用

槽桶

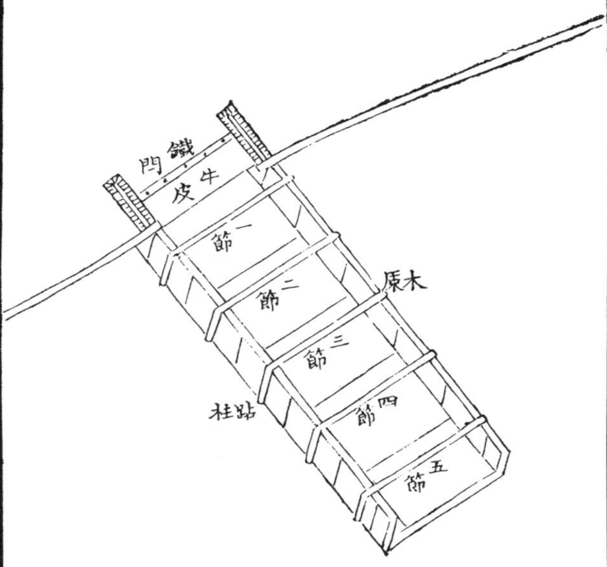

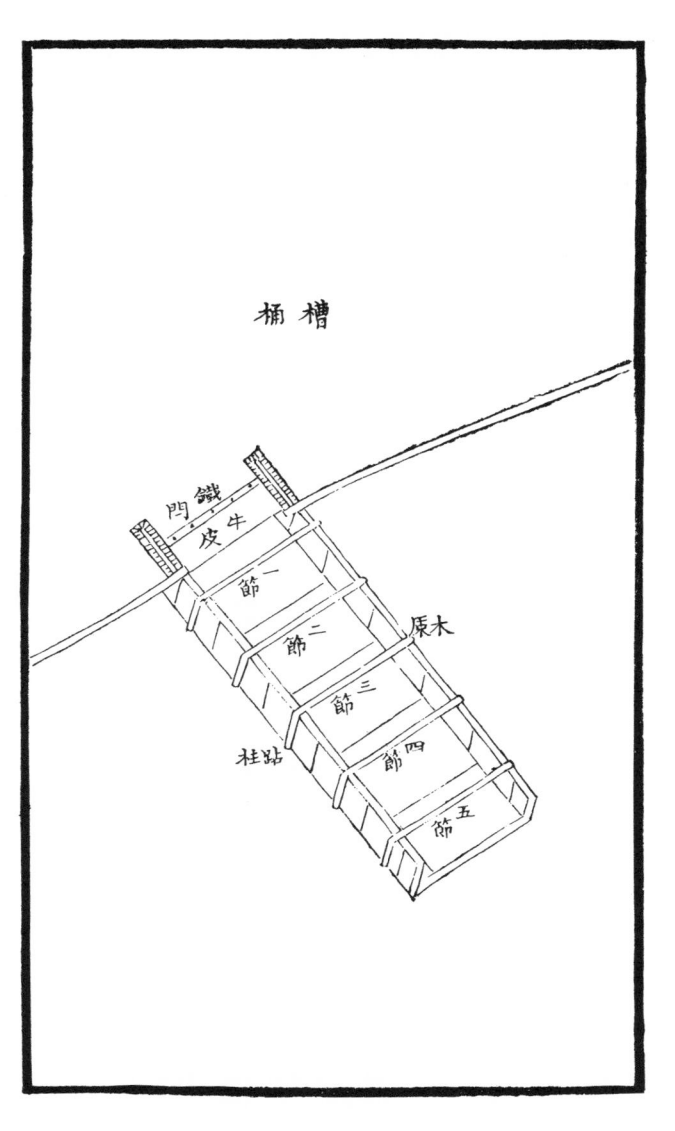

槽桶以木爲之大桶五節節長三丈底寬一丈牆高三尺凡安槽桶先用麻擣油灰艌縫隔三尺一檔上用木厠下用底托兩牆各設站柱排釘堅固然後剛隄先鋪蘆席上加油布牛皮將桶安好三面用淤土擁護又取牛皮一張釘桶口底上拖出三四尺鋪平以鐵門壓定用大釘釘入土坡兩邊築鉗口壩方可放水較量淺深以次落低如係積潦核計水方扣日可竣再造槽桶長短先量隄頂寬窄庶啟放時不致勾刷坡脚

河工器具圖說

長白麟　慶見亭纂輯

卷三　搶護器具

大埽
捆廂船
葦纜　麻纜
埽腦　鈎繩杴　揪頭繩杴
騎馬杴　騎馬
撞杴　齊板
太平棍　跳棍

木夯　鈎夯

鐵舂船

大舂　替舂　梯鞋

雲梯　高櫈

雲硪

埽枕

木榔頭　木斧　鉞　斧

月鏟

抓鈎　鐵錨

鐵橛頭　鐵杈

逼凌椿　搪凌把

打凌槌

鐵穿　三稜橛

打凌船

鐵鍋

瓦盆

布口袋

棉被　棉襖

石磨

木筏

木龍全式
木龍一層編底二三層横梁
木龍四五層龍骨邊骨六七層齊梁
木龍八層縱木九層面梁
水閘　天平架　地成障
眠車
大戧　直柱
股車　轆轤架
天戧　地犁
逼水木　氷滑

竹篗　荆篗

大埽

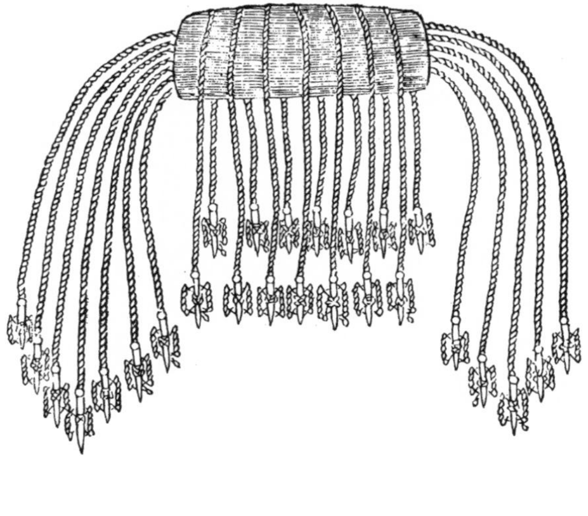

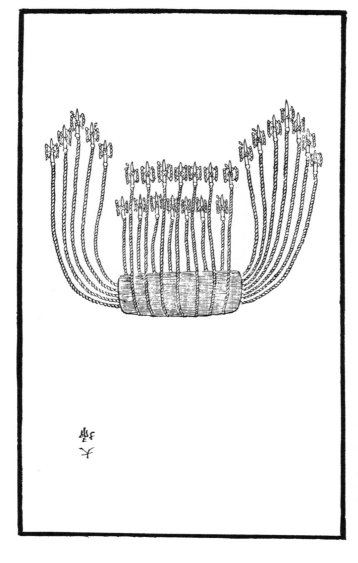

埽卽古之茭防高自一尺至四尺曰由自五尺至一丈曰埽史記河渠書下淇園之竹以爲楗是也其貫於埽中而兩頭餘出甚長者曰揪頭連埽兩頭所捆者曰邊戰連埽外通身皆捆每離五尺一根者曰底鉤埽中段用纓子捆紮者曰滾肚皆爲繫埽之繩逐頂有橛橛長四五尺五六尺不等埽名不一有等埽邁埽肚埽面埽套埽護厓磨盤雁翅鼠尾蘿蔔之別又有龍尾埽伐大柳樹連梢繫之長堤根隨水上下破嚙岸浪俗名曰掛柳從鋪衡鋪卽俗謂丁廂管心索卽俗謂揪頭繩其分上下水揪頭者凡埽下水頭必高上水頭二三尺不等拉時須從下水頭先拉兩號然後一齊叫號兩頭自然平整埽初下時未曾得底繩枕須時時派兵看守

緣揪頭過鬆則無力鈎戰過緊則發橛迨埽沉水卽行加廂每尺壓土五寸廂二尺用騎馬一路俟埽平水簽釘長樁釘樁須靠山迎上水不宜陡直否則防推埽離當倘水深溜急新做之埽身輕難以下墜每坯必高廂料厚四五尺不等再點花土如已得底方可用重土按坯盤壓但此論尋常廂做設遇脫胎陡蟄卽爲搶廂顧名思義自當以速爲主而廂做之法仍不外是

捆廂大船

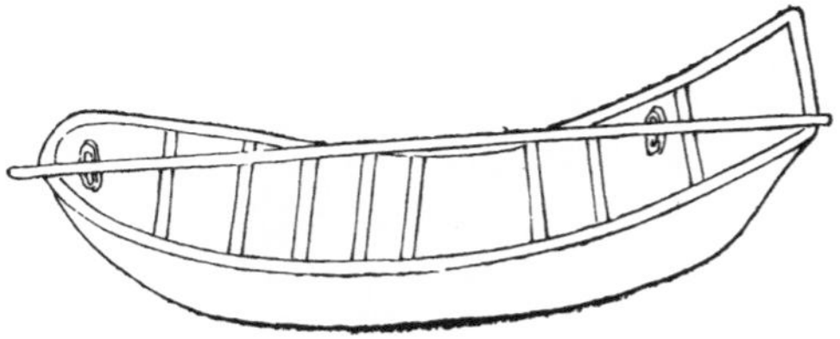

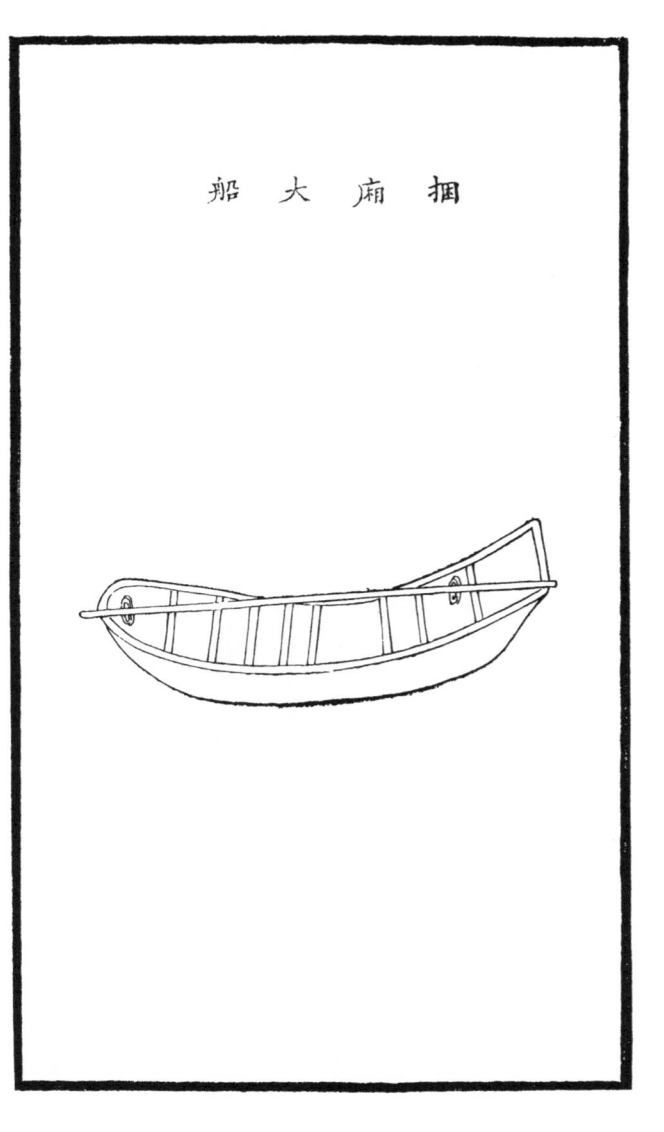

方言自關而西謂舟爲船自關而東或謂之舟劉熙釋名船循也循水而行也至正河防記賈魯下埽先排大船二十餘隻以麻竹束縛連爲方舟用竹編笆夾以草石立之桅前名曰水簾桅復以木揩住使簾不偃仆然後選水工便捷者每船二人各執斧鑿以鳴鼓爲號一時齊鑿須臾舟穴水入舟沉遏决河水怒溢今則用大船捆廂船上紮稭捆二箇安置兩頭名曰龍枕上卧大木一根名曰龍骨廂埽時將船泊於埽前用上下水揪頭繩纜繫於龍骨兩頭除埽徐徐推下而船仍如故龍骨須大木急切難購多用船桅但此係捆廂正法近時東河多用兜纜軟廂較爲便捷如遇大汎溜急之時仍非捆船不可

葦纜

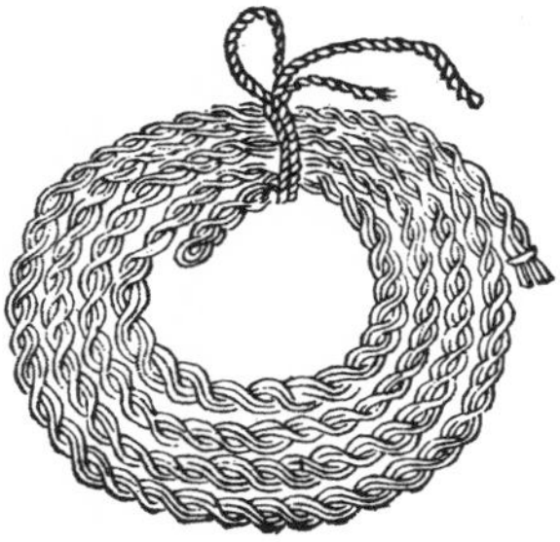

麻纜

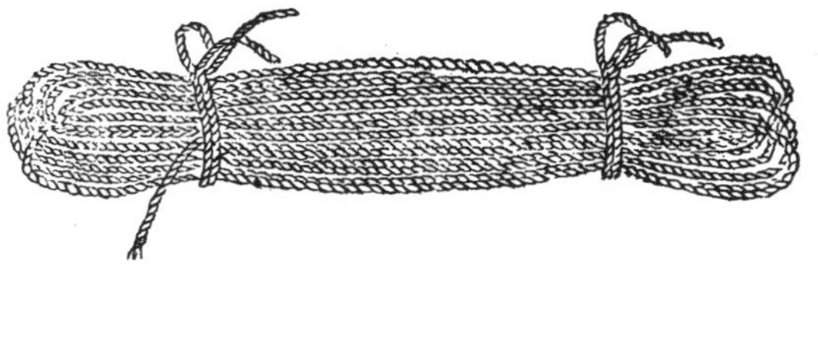

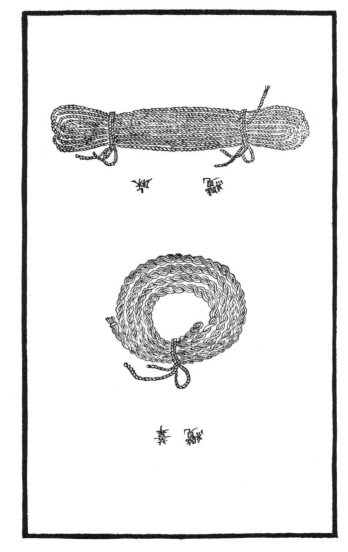

玉篇纜維舟索也物原軒轅作綿索堯作維牽小爾雅大者謂之索小者謂之繩纂文竹索謂之筰漢溝洫志云搴長茭兮湛美玉注臣瓚曰竹葦絚謂之茭所以引置土石也師古曰絚索也茭字宜從竹今河工所用麻纜卽綿索葦纜卽葦絚捆船廂埽非此不爲功然維持得力麻勝於葦入水耐浸葦勝於麻若竹纜質硬而脆用以維舟則宜

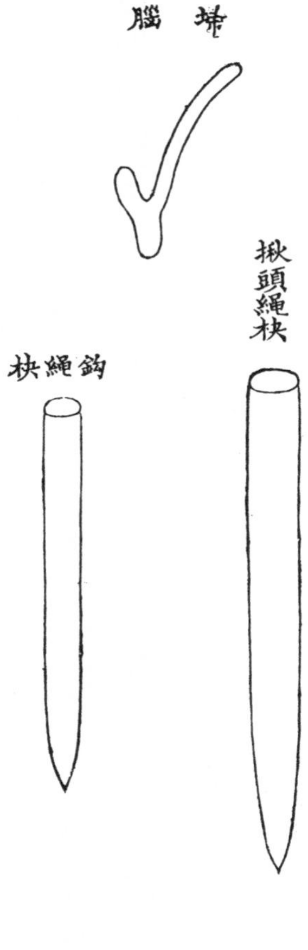
埽腦
揪頭繩橛
鈎繩橛

橛說文杙也爾雅釋宫檝謂之杙注橛也葢直一段之木也列子黄帝篇若橛株駒注斷木詩小雅旣備乃事疏引漢農書云孟春土長冒橛陳根可拔耕者急發如揪頭繩鉤繩等橛皆埽工所用鉤繩橛長四五尺揪頭橛長五六尺又大埽沉水旣已到底將纓子頭用小繩挽結緊實再用柳橛有倒鉤者釘繩頭於埽内名曰埽腦

騎馬橛

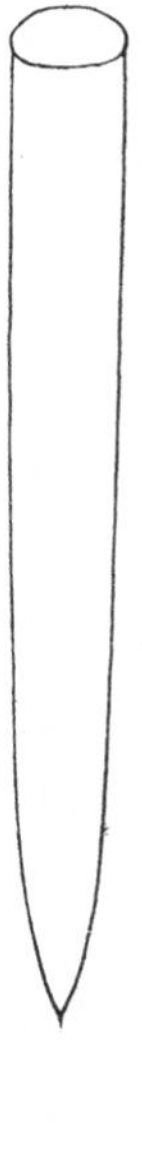

騎馬

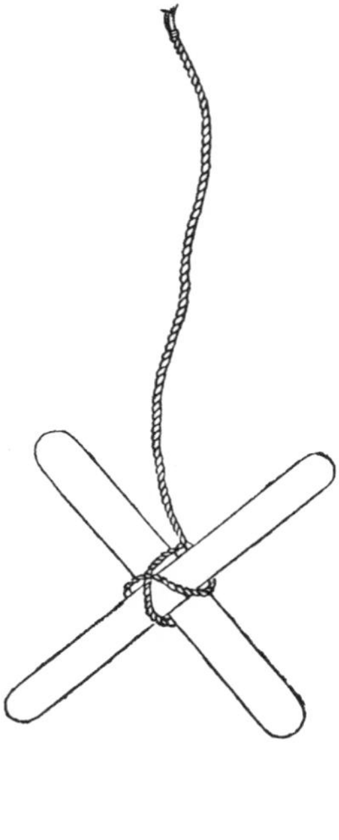

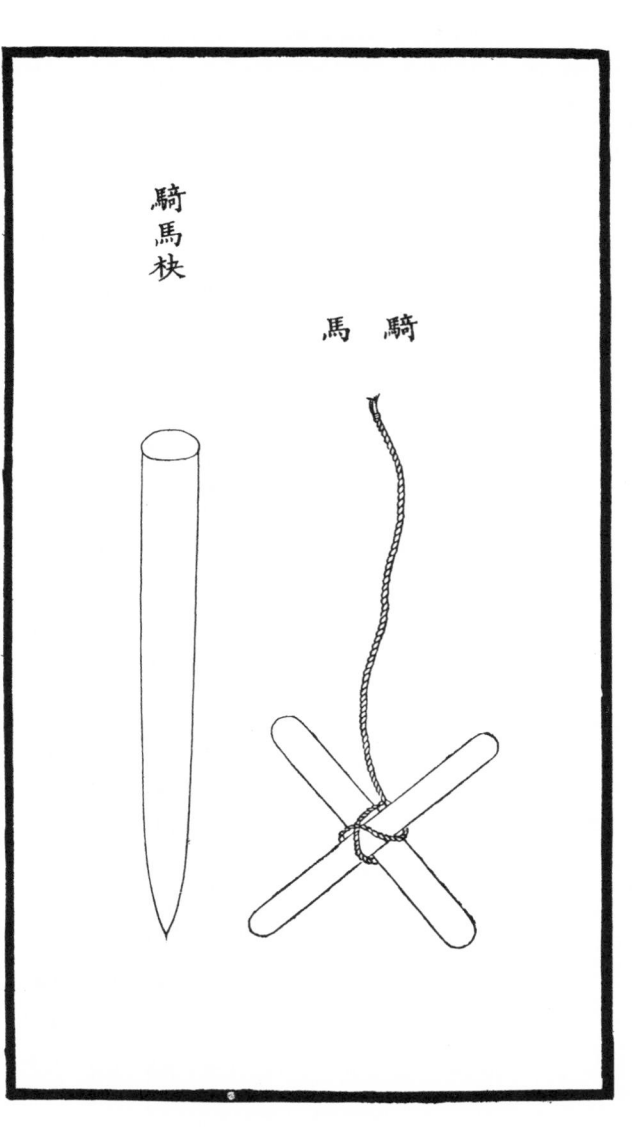

騎馬以二木釘成十字長四五尺有一騎馬必有一纜一橛是以騎橛爲一副廂埽一坯須用騎馬一路恐埽往前游釘橛摟住則埽穩固矣説文騎跨馬也逸雅騎支也兩脚支别也以一木跨於一木之上而脚支别故曰騎馬

撞柍

齐板

說文撞丮擣也丮持也象手有所丮據也讀若戟擣手椎也壩臺土頭結實須用撞橛先撞成穴則鈎柍揪頭橛易於深入矣齊板一名邊棍廂工堆料所用一恐埽眉參差不齊一恐料㮴凹凸不平用此拍打以期一律玉篇齊整也故名之曰齊板

太平棍

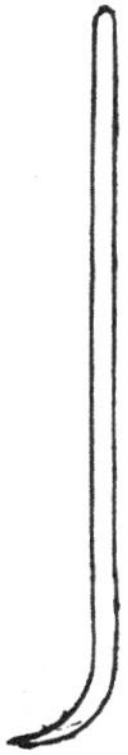

跳棍

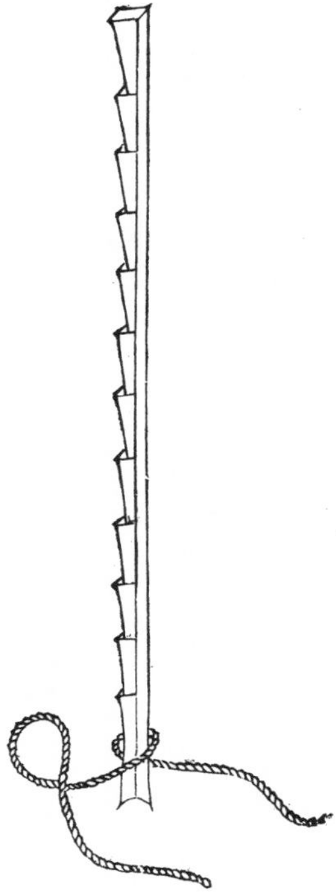

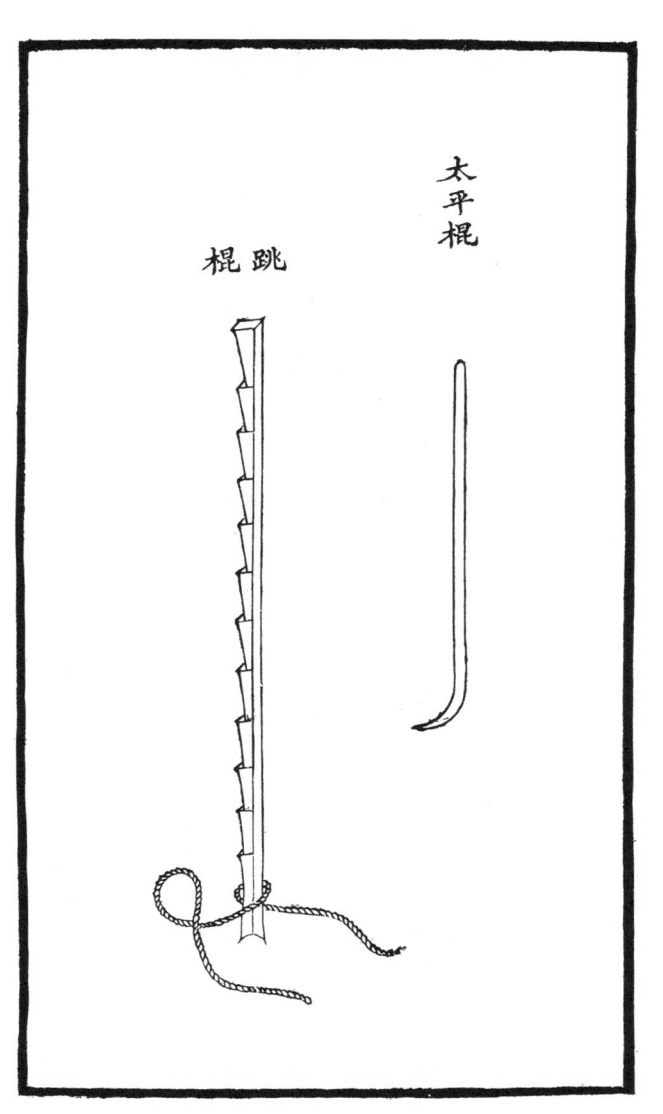

太平棍約長三尺下帶彎拐新做之埽層柴層土按坯加廂每廂一坯繩隨埽下拴橛之結徐徐鬆放此棍用以挑鬆結續埽因之而得底俗名日開棍因有避忌以此名之又有跳棍一名挑桿擇堅勁之木爲之圍圓一尺四五寸長八九尺至一丈以外面刻梯級便於上下蹈踏稍刻月牙便於加勁拴繩起擰故橛凡起橛均在埽段穩定以後橛眼務塡補堅實説文跳躍也六書故大爲躍小爲踊躍去其所踊不離其所使故橛躍然以去其所則非跳棍不爲功

木夆

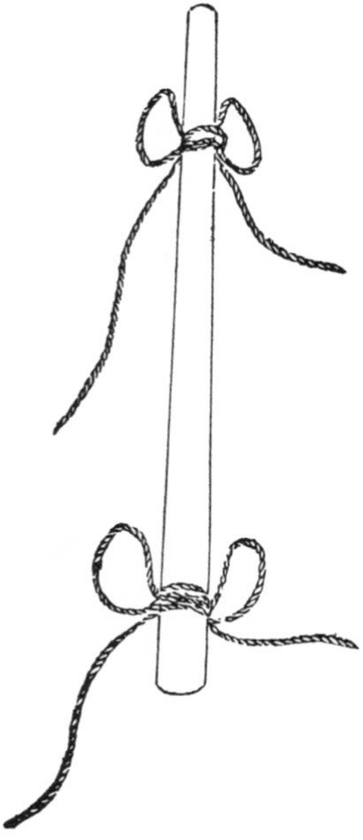

鈎夆

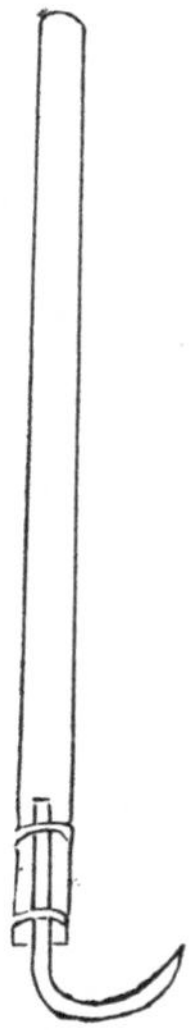

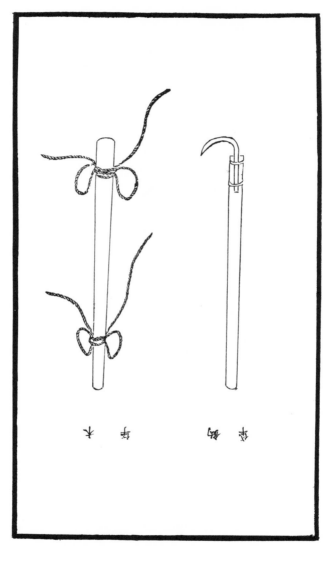

宇彙屋斜用牮又以木石遮水亦曰牮木牮一名牮桿埽至河涯人不得力須用木牮襯埽長短每埽檔長一尺用行繩一條每行繩兩條中用牮木一根前以繩拉後以木牮埽個方能捲緊行速凡撑枕撑船皆須用之木牮或用楊椿或用長大杉木均可近時購材爲難多以大船二桅代之又有鈎牮專用以啓閘板每根長三丈六尺圍圓一尺二三寸其下鐵鈎曲長二尺許寬二寸束以鐵箍二道

戧椿船

戧樁爲下埽栓繫揪頭纜之用所關最重黄河隄壩寬厚地尙易
擇惟洪湖下埽兩面皆水必須選長大樁木簽釘湖心以爲根本
而水深溜急顛簸不定簽釘甚難其法用船二隻首尾聯以鐵鍊
每船設高橇一具上搭跳板中留空檔安置戧樁選樁手攜硪登
板逐漸打下較準水深以入土丈餘爲度

簽大椿式

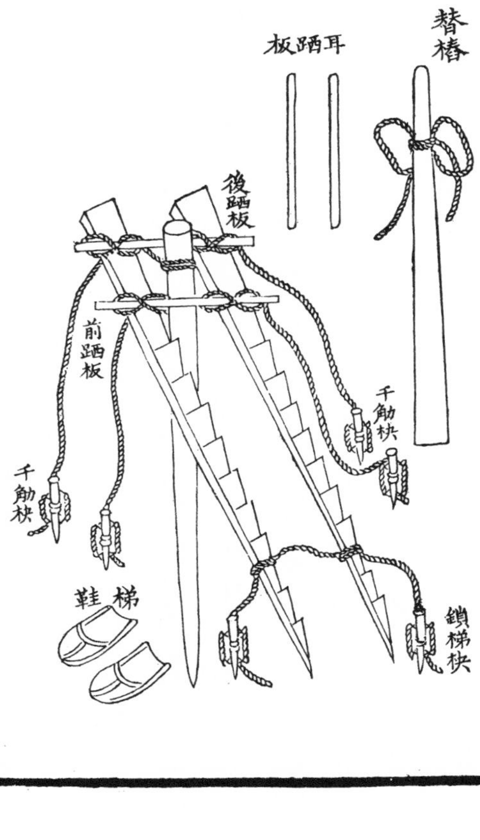

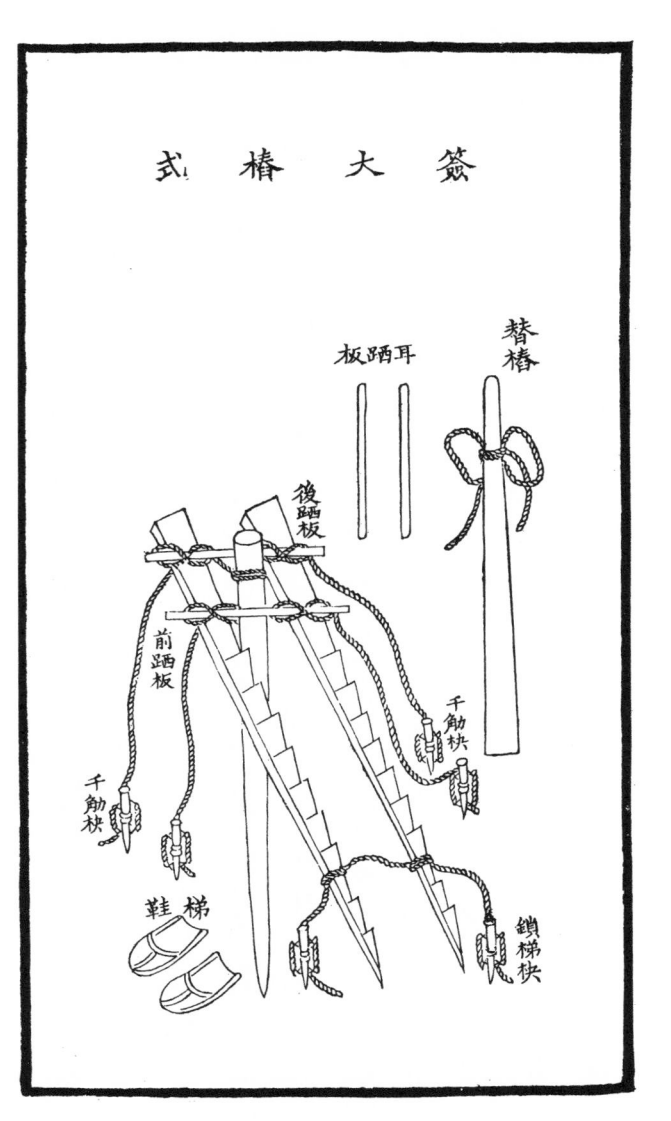

下埽穩固應簽大樁若埽臺鋪柴多樁木撐起兵在上面打樁恐新埽易致落空必用梯鞋方穩否則梯尖插入埽臺急難復退樁受傷人落河矣軟埽臺尤其非此不可樁維楊木可用其性綿杉木性脆斷乎不可梯前後必用跴板左右有耳跴板可以容人足管定樁木四面用千觔枎鎖緊樁木以鎖梯枎鎖住梯脚梯鞋剏木背鞋形以承梯脚戴侗六書故今人以履無踵直曳之者爲靸中華古今注靸鞋蓋古之履也秦始皇常靸望仙鞋以對隱逸求神仙梯鞋古之靸鞋式也但此係河工舊制自乾隆三十六年以後概不簽樁緣樁木極長五六丈大河埽前水深每至四五丈加以埽高水面二丈計高深六七丈埽心簽樁斷難入土即或水淺

之工入土亦不過丈許埽大樁淺何能屹立倘埽一蟄動樁𩵋於中轉難加廂搶壓實屬無益惟尋常淺水河身形如鍋底埽工游蟄不止者得此自臻穩固

雲梯

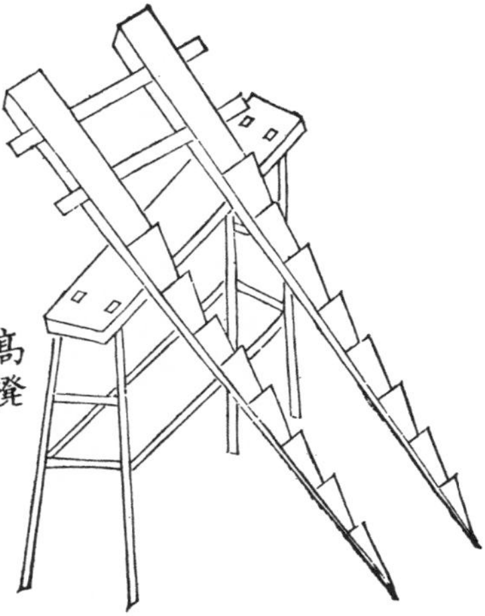

事物紺珠梯木階軒轅制續事始雲梯魯人公輸般造毛詩注鈎援鈎梯也所以鈎引上城即雲梯也雲梯打樁所用梯之高矮視樁之長短爲率約在三丈以外梯用二木鋸級兩人並上謂之雲梯亦猶通天臺上之通天梯太白陰經之飛梯言其高而已欀正韻音凳几屬晉書王獻之傳魏淩雲殿榜未題匠人誤釘不可下使韋仲將懸欀書之雲梯不用時以高欀架起將草覆蓋恐日久朽爛用時人夫受傷耳

雲䃶

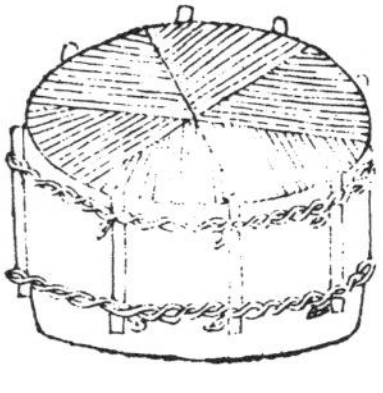

雲硪鑿石如礎厚數寸比地硪輕一二十觔打硪兵夫用十二名
硪肘雞腿俱用雜木全恃盤硪之人盤得結實硪夫在梯上用以
簽樁樁高則硪自空而下有似雲落故曰雲說文硪石巖也玉篇
砐硪山高貌郭璞江賦陽侯砐硪以岸起注砐硪搖動貌未聞用
以名物顧硪夫舉硪聲揚則力齊其音類䳡稱之曰硪殆六書所
謂諧聲者乎

埽枕

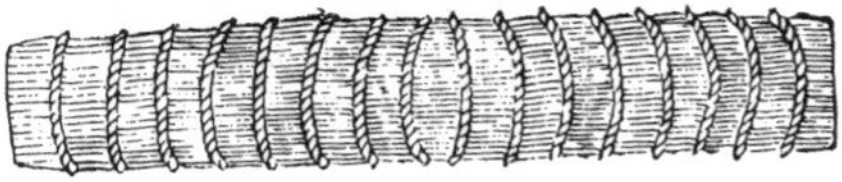

枕長數丈至十丈許不等大埽上面所用先用小繩挽住後尾再用木簽在枕上一路實釘然後在裏面加土即遇大汛盛漲水上埽面能收淤閉之效又漫灘水抵堤根過於寬深堤爪恐有風浪汕刷之虞應先紮枕備防臨期將枕推入水中用小木簽釘住使水流少緩亦必停淤矣禮記少儀篇頴注頴警枕也謂之頴者頴然警悟也擱土而曰枕其有先事預防之警歟

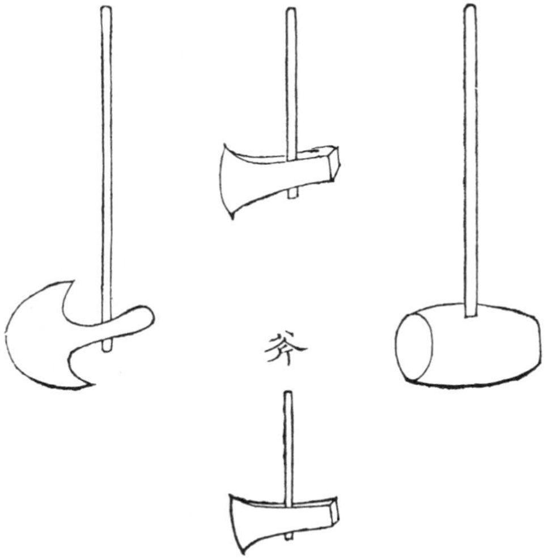

木榔頭

木斧

鉞

斧

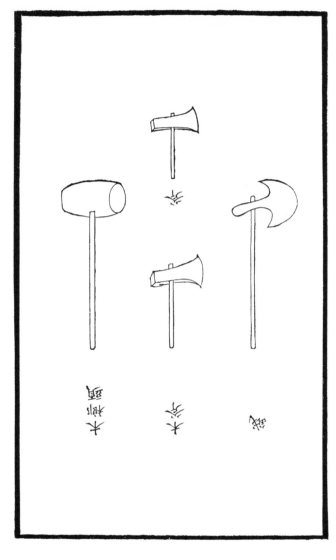

逸雅斧甫也甫始也凡將制器始用斧伐木已乃制之也木斧者
鎖樁之物倘各繩鬆緊不一用木斧在樁上擂打緊凑恐用鐵斧
致傷各繩之故木榔頭打埽上小木簽擺柍用之斧卽鐵斧鉞卽
大柄斧樁手均須預備凡埽上繩纜有不妥之處用以斬截甚利

月　　鏟

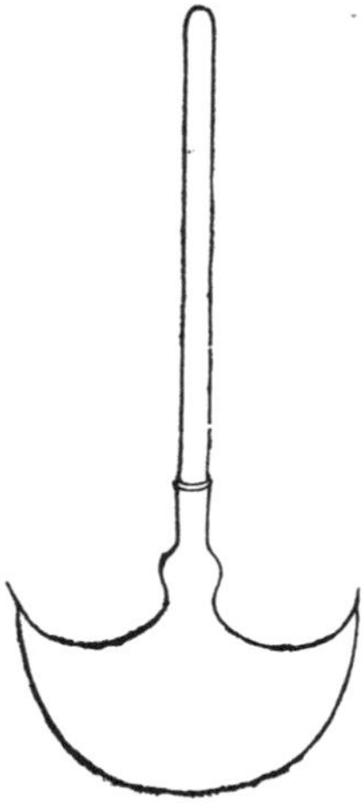

古史考公輸般作鏟說文鏟平鐵博雅籤謂之鏟木華海賦鏟臨厓之阜陸杜甫詩意欲鏟疊嶂鐵首木身形如半月凡舊埽舊樁樹根盤踞埽眉不齊皆用之

流鉤

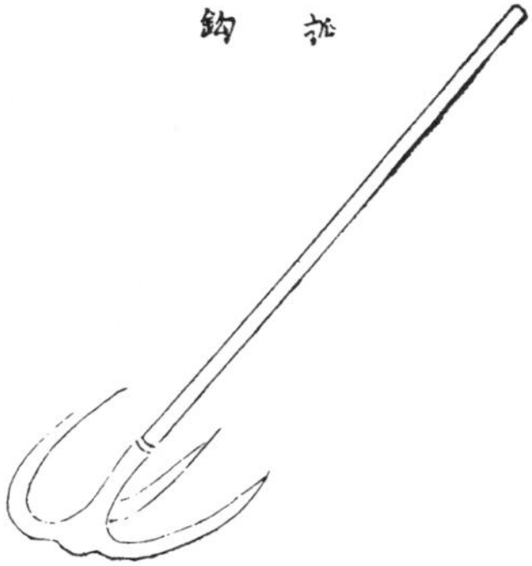

鐵錨

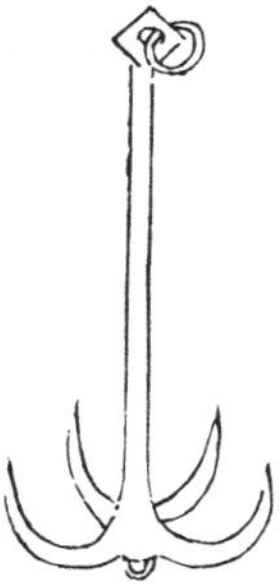

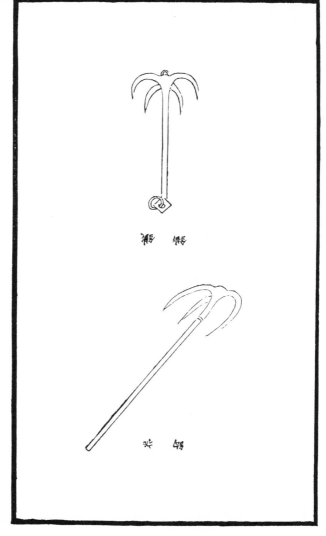

韻會古兵有鈎有鑲皆劒屬引來曰鈎推去曰鑲純鈎劒也吳鈎刀也刈鈎鐮也鈎之名不一鈎之用亦各不同抓鈎係拆廂舊埽所用博雅抓搔也又招也三股内向如搔手然故名俗書刊誤船上鐵猫曰錨其製尾叉四角向上首戴鐶以鐵索貫之投入水中使船不動河工廂埽每遇水深溜急提腦不得戧樁用錨掛纜謂之神仙提腦

鐵橛頭

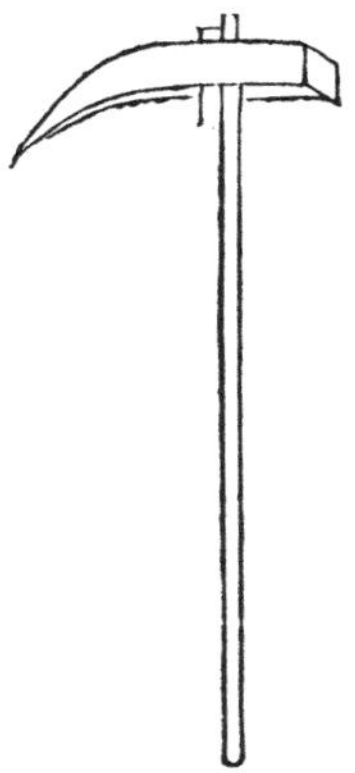

鐵杈

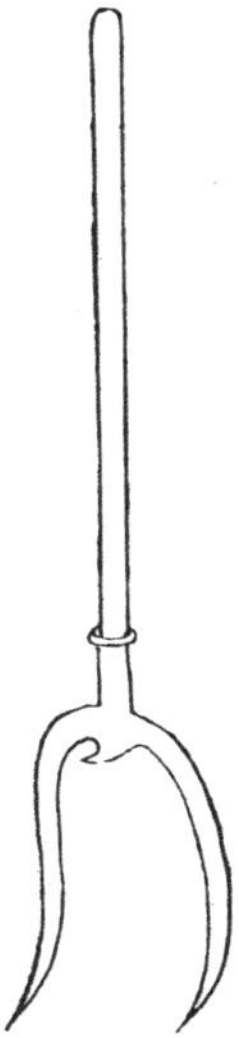

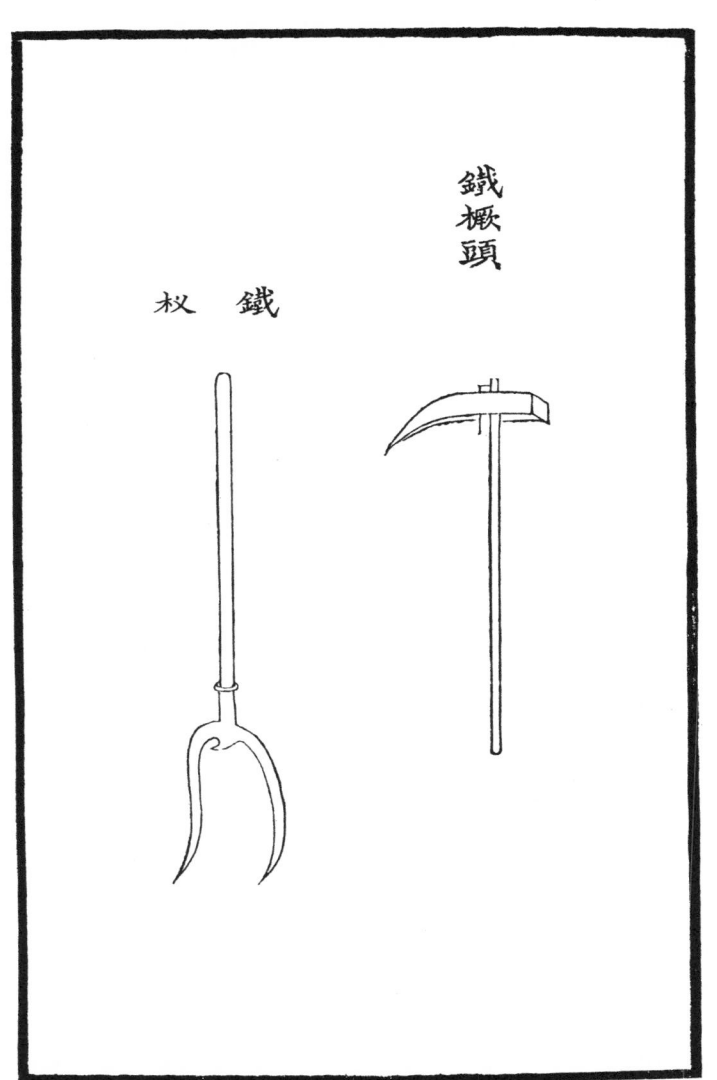

鐵鐝頭一名斫斸鋤屬鐝之爲言掘也持以刨挖柬土物原神農作鉏耨以墾草莽然後五穀興則鋤葢神農造也鐵杈説文杈枝也徐曰岐枝木也木幹鐵首二其股者利如戈戟乂軟草壝埽眼挑碎楷用之

逼凌椿

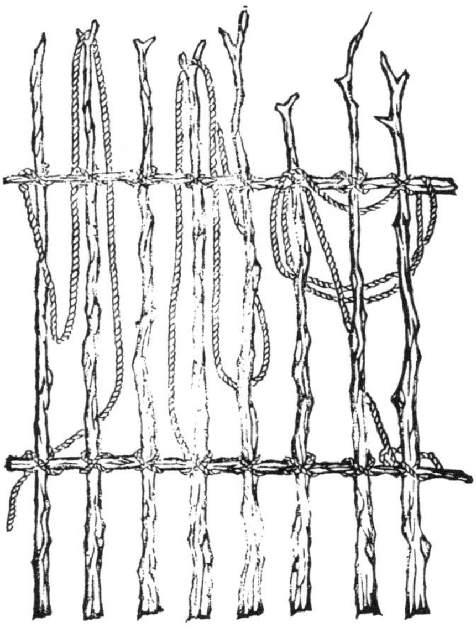

搪凌把

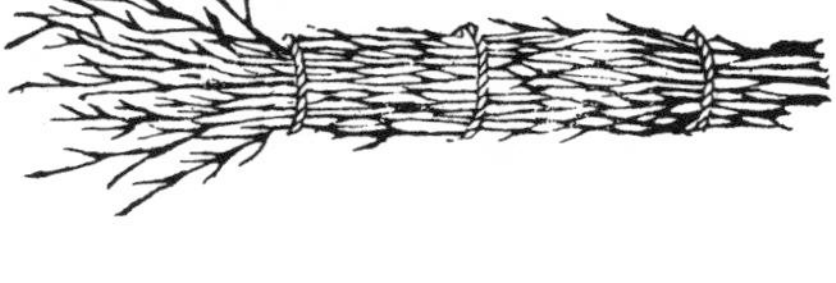

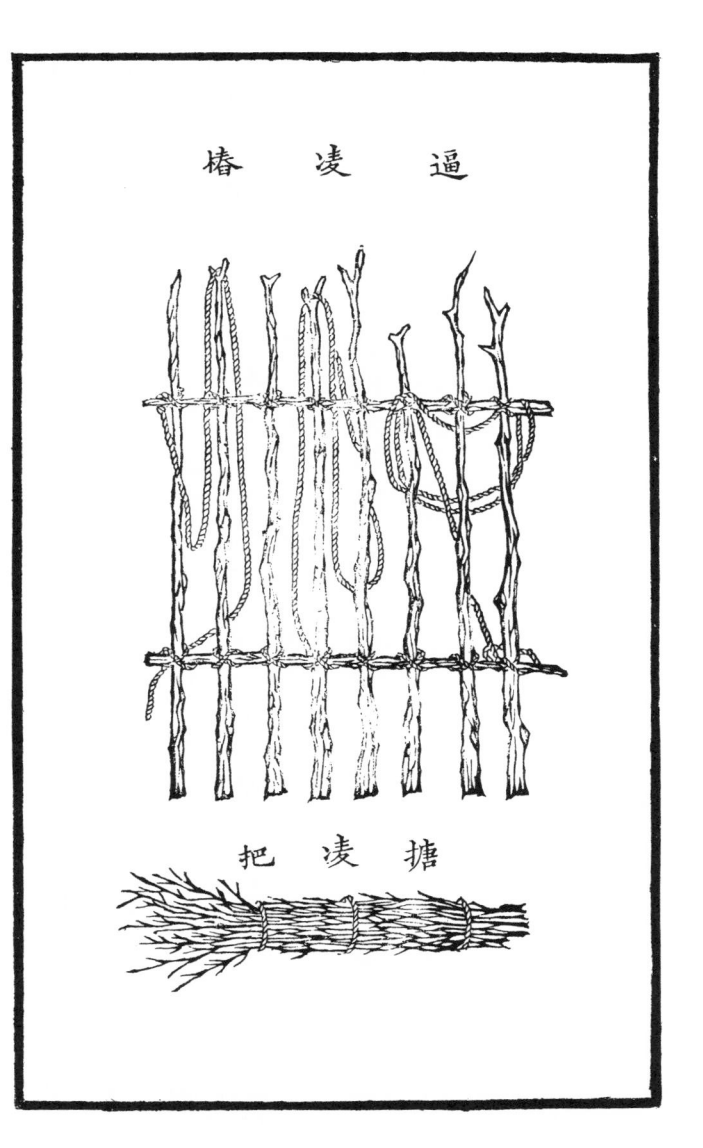

上游氷凌隨水而下謂之淌凌或大如山或小如盤其性甚利埽段遇之最易擦損則用丈餘長木排護迎溜埽前名逼凌樁又用細木二三根紮把排於拖溜埽前名擋凌把倘逢溜急凌大之時樁把以外仍加大柳樹以粗鐵鍊繫之名卧樁以作重衛惟是排樁之法必須先將下節用蘇纜連鐶扣住然後入水再於上埽生根用細鍊扣繫庶幾氷凌過時不致擠動仍擦埽眉又凌鋒利能截木必用毛竹片或鐵片密釘樁木迎水一面方免此患

打凌槌

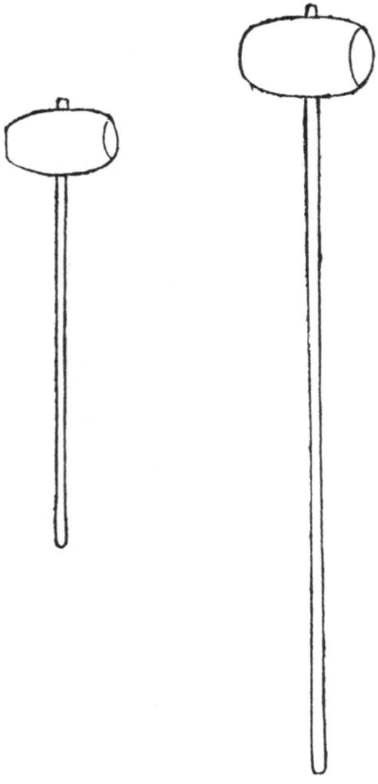

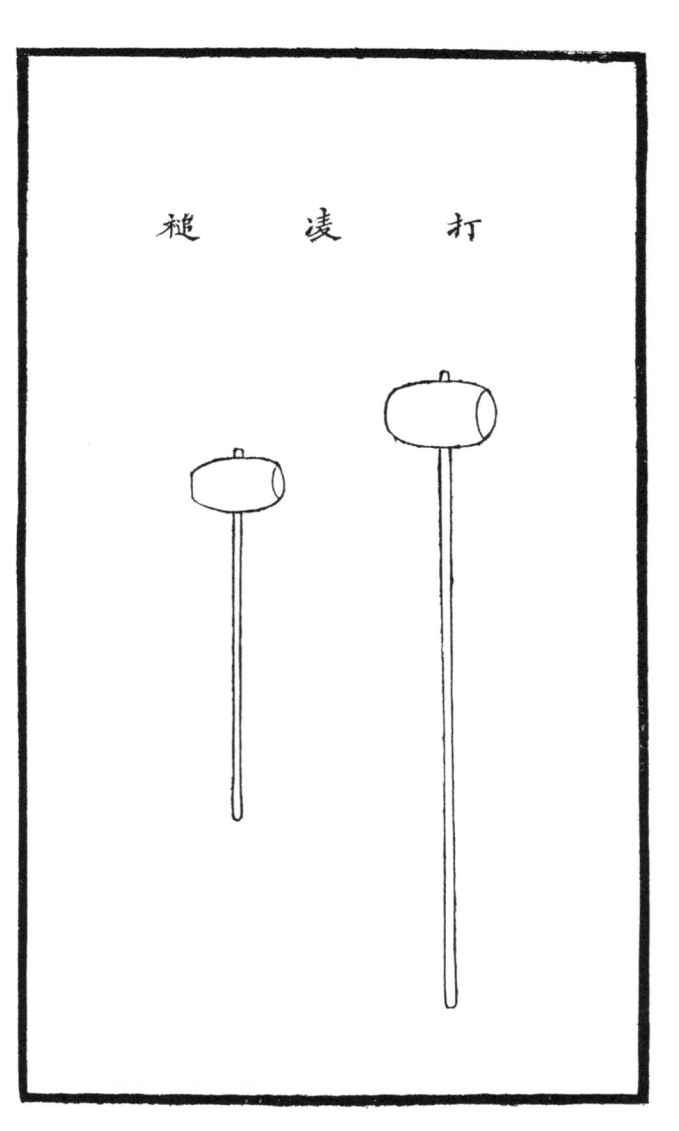

禮記孟冬之月水始氷地始凍仲冬之月氷益壯季冬氷方盛水澤腹堅命取氷氷以入則鑿氷宜急矣鎚有石有鐵有木說文硾擣也呂氏春秋硾之以石此石鎚也抱朴子偃葯卷以鐵鎚鍛數千下此鐵鎚也魏書宋崇傳雙槌亂擊此木鎚也皆可用以打夌者而柳根尤佳緣氷由寒結非陽和不能疏其氣柳性暖發榮最早根大而重用以鑿氷有相悅而解之義

鐵穿

三稜鏃

鐵穿其式兩頭似戈而寬大中挺圓又有橛形三稜均以堅木爲柄約長七八尺至一丈此船上用者易曰履霜堅氷陰始凝也馴致其道至堅氷也大河水溜不易結氷氷至於堅非鑿不可苟器勿備其何以鑿氷沖沖故鎚之外又有穿說文穿通也穴也夫然後氷可以斬矣

打凌船

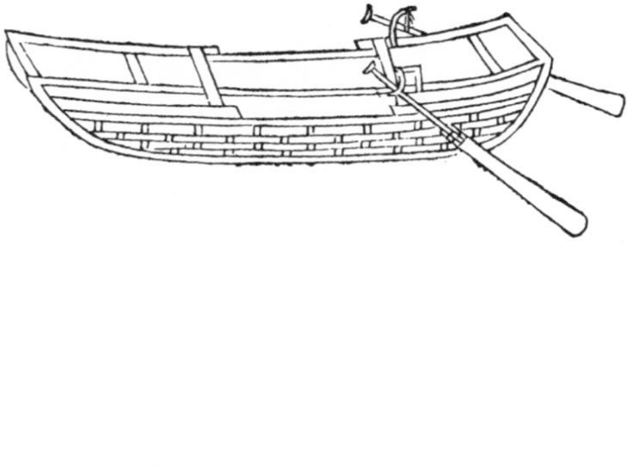

風俗通積冰曰凌冰壯曰凍水流曰澌冰解曰泮河工向有凌汛當冬至前後天氣偶和凌塊滿河擦損埽眉其病尚小所慮忽值嚴寒凡河身淺窄灣曲之處冰凌壅積竟至河流涓滴不能下注水勢陡長急須搶築而地凍堅實簣土難求每易失事所以必須多備打凌器具分撥兵夫駕淺如艑艖小如舴艋之舟各攜器具上下往來以鑿之但船底須用竹片釘滿凌遇竹格格不相入庶幾可以禦之

鐵鍋

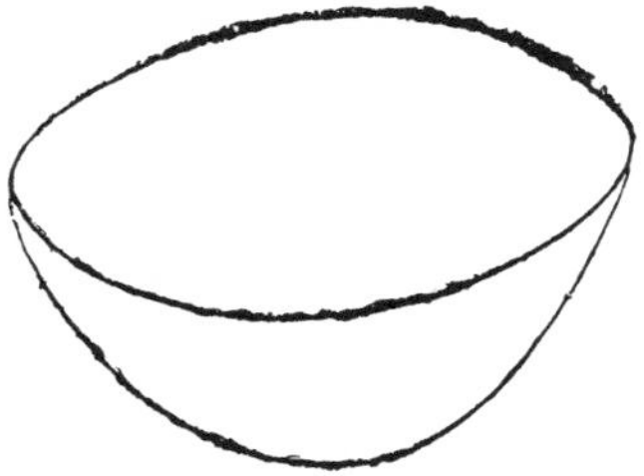

玉篇鍋盛膏器揚子方言自關而西盛膏者乃謂之鍋正字通俗謂釜爲鍋凡遇河水盛漲漫灘時大堤裏面忽然過水名曰走漏見有旋窩處即是進水之穴蛟龍畏鐵恐以鐵鍋抑住然後壅土自可化險爲平

瓦　盆

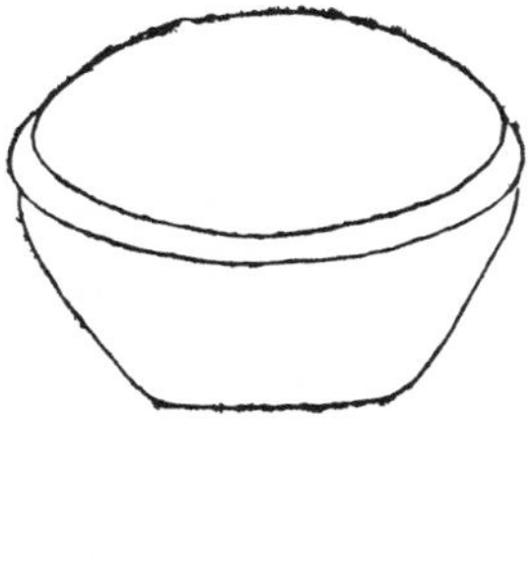

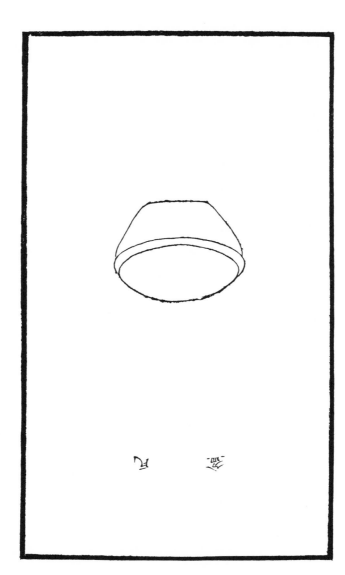

考工記盆實二鬴厚半寸唇寸禮記竈者老婦之祭也盛於盆尊於缾然盆有金有銅有錫有鐵有石有瓷至於瓦盆乃缶也易有孚盈缶漢五行志穿井得土缶師古注缶盎也卽今之盆爾雅盎謂之缶郭璞注盆也邢昺疏缶是瓦器可以節樂地志廣陵龍潭寺僧得古瓦盆貯粟菽少許經夕輒充牣其中謂爲水宫神物仍投諸潭中 云今堡房例備二具平時用以盛米盛水急時以之堵漏其用與鐵鍋同

布口袋

玉篇袋囊屬魚袋照袋錦縹袋藻豆袋算袋皆古人攜貯什物之具若今之布口袋卽古有底之囊也凡遇漫灘走漏時其進水之穴形勢斜長非鍋盆所能抑住者急將口袋裝土兩人擡下隨勢堵塞卽可閉氣然後從容齊集兵夫夯硪塡墊自保無虞但袋中土不可裝滿以六分爲度

棉被

棉襖

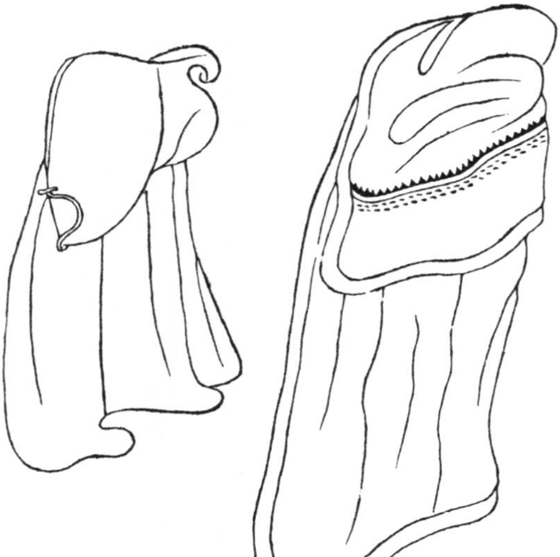

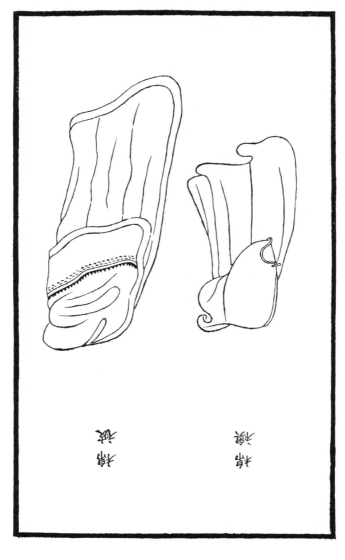

物原神農作被伊尹作衾釋名被被也被覆人也身章撮要大被曰衾單被曰裯宋子京詩春寒到被池田藝衡留青日札今之色被横其卧邊緣幅作異色曰當頭當去聲卽古之被池遺製南史宋武帝微時有衲衣布衾旣貴與公主曰後有驕奢不節者以此示之當大河盛漲時大隄走漏穴小用棉衾如穴大且曲必需棉被堵塞之法與布口袋同

石磨

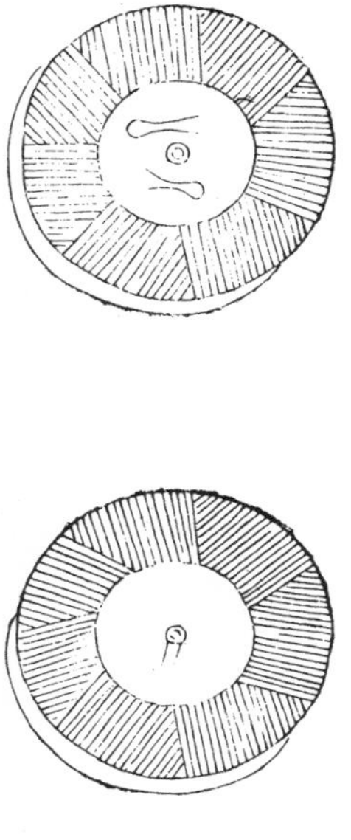

說文磨石磑也僧圜逸記都下寺院每用歲除鍛磨是日作鍛磨齋稗史類編後漢書云崔亮在雍州讀杜預傳見其爲八磨嘉其有濟時用凡遇大汛水漲溜激挂柳護堤非石磨不足以墜柳株久之上淤磨沉泥內掘出仍可用再凌汛時水澤腹堅一時難解用繩繫磨鑿氷亦以剛克剛之義也

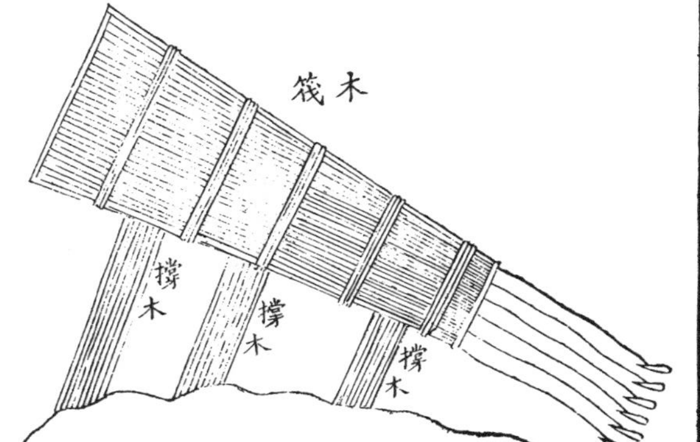
木筏
撑木
撑木
撑木

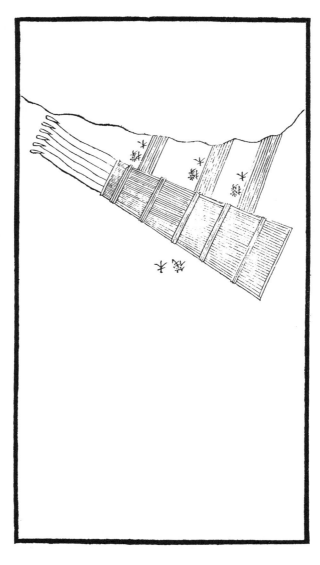

方言泭謂之䉢䉢謂之筏註木曰䉢竹曰筏小筏曰泭木筏又名木把係紮杉木製成凡工頭工尾淤閉舊埽忽爾溜到築壩不及趕紮木筏攩護後安撑木以順溜勢再漫水上灘攔截串溝及壩工搜後均可用此其紮法每筏用木一二層長寬丈尺隨時酌定

木龍全式

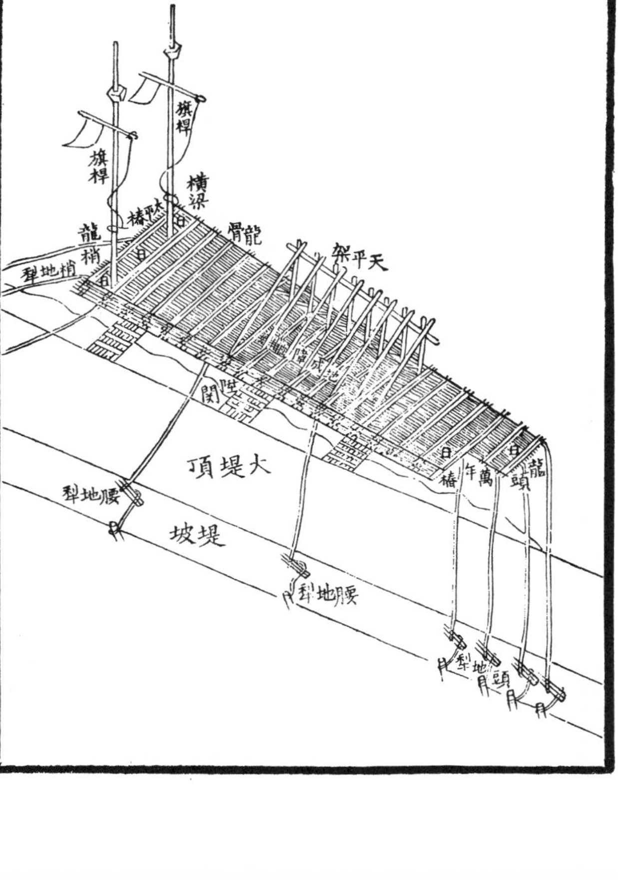

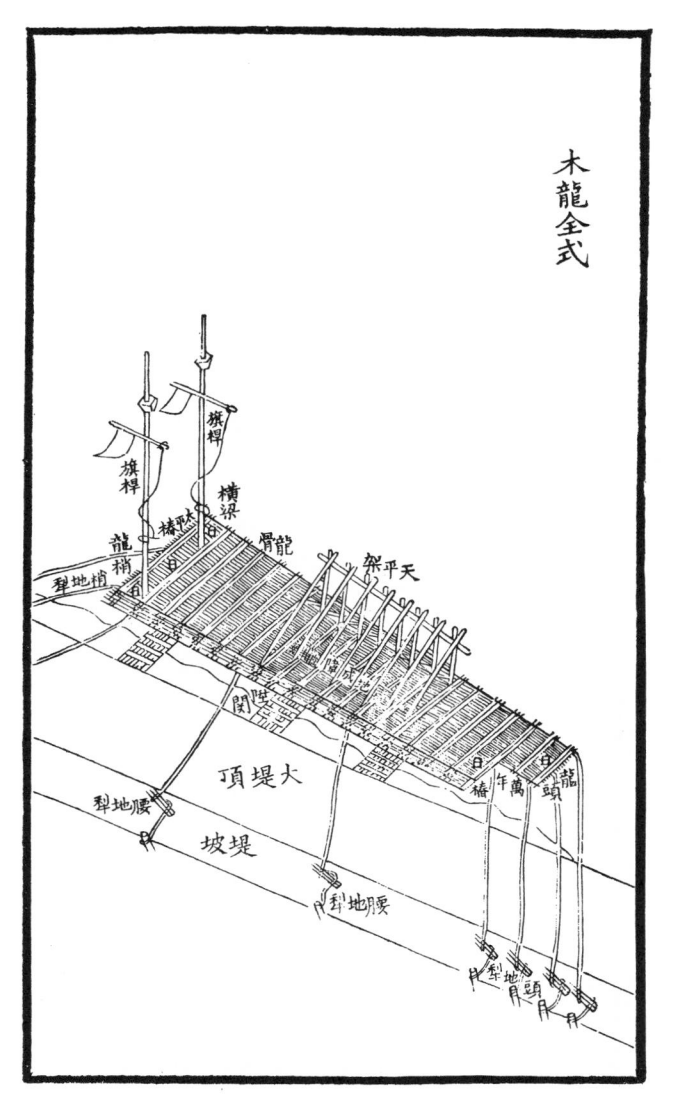

木龍之制剏始於宋按史載天禧五年陳堯佐知滑州以西北水壞城無外禦築隄疊埽於城北復就鑿橫木下垂木數條置水旁以護岸謂之木龍元賈魯塞北河口亦曾用之而其法初不傳我
朝乾隆初年陶莊漲灘屢挑不成河督高文定公用州同李昞所
獻圖議照法試辦立見成效
高宗南巡閱視製詩獎勵今南河有木龍成規一冊李昞所刊又外南營額設鈎手專備編紥木龍之用

木龍一層編底二三層橫梁

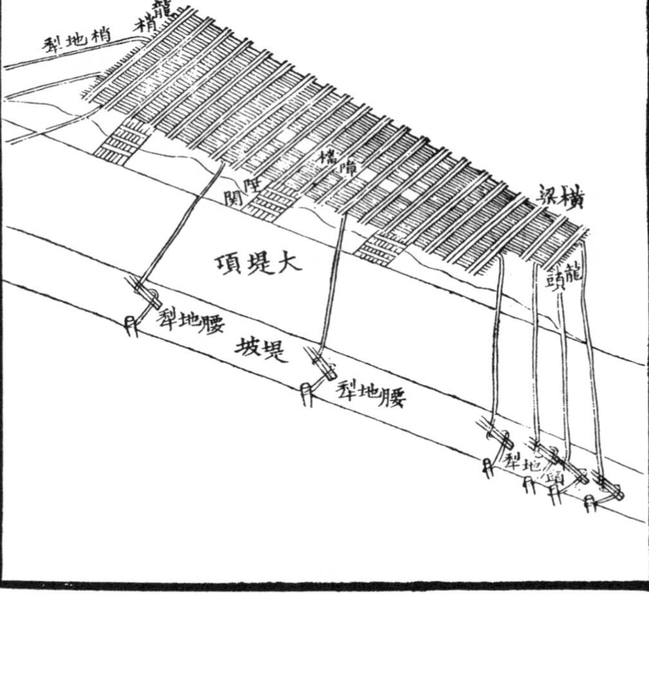

木龍每長十丈寬一丈九層得單長九十丈其第一層密編縱木爲底每排用木十三根共計七排仍於中心酌留空檔以備插障安截其二三層橫梁每道用木六根雙層疊紮均用犁頭竹纜兜縮下層縱木每間二根交股順去疊回編紮陛闗爲牮龍挑溜之用其第一層亦用縱木每排十根計五排二層亦用橫梁每道用木二段三四層各用直梁一長十丈亦用七節扣纜等法則均如紮龍式樣惟祇四層耳

木龍四五層龍骨邊骨

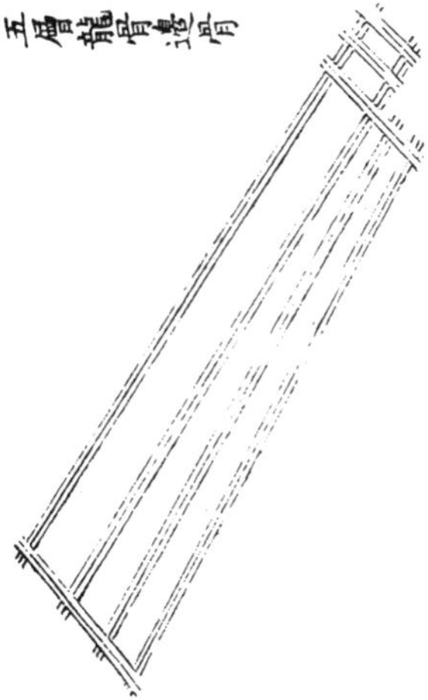

六七層檔梁

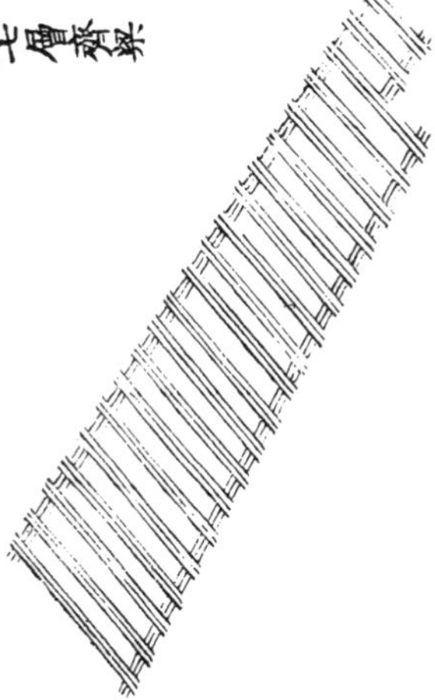

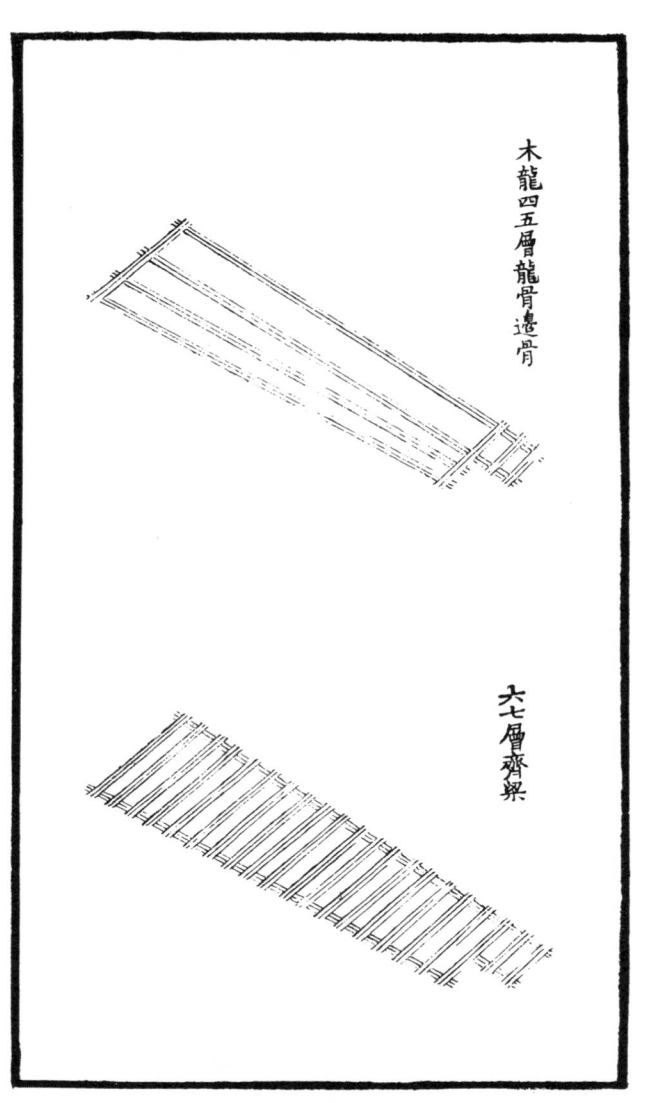

木龍第四五層曰龍骨用木六根曰邊骨用木四根均疊作雙層每節長一丈五尺計七節餘稍連搭次節先用連牮竹纜雙行箍紮又用纜兜綰下層橫梁其龍身寬長者另用行江大竹纜絞三爲一名曰龍筋每層各加二條節節扣緊其第六七層仍用橫梁紮法如二三層一曰齊梁

木龍八層縱木九層面梁

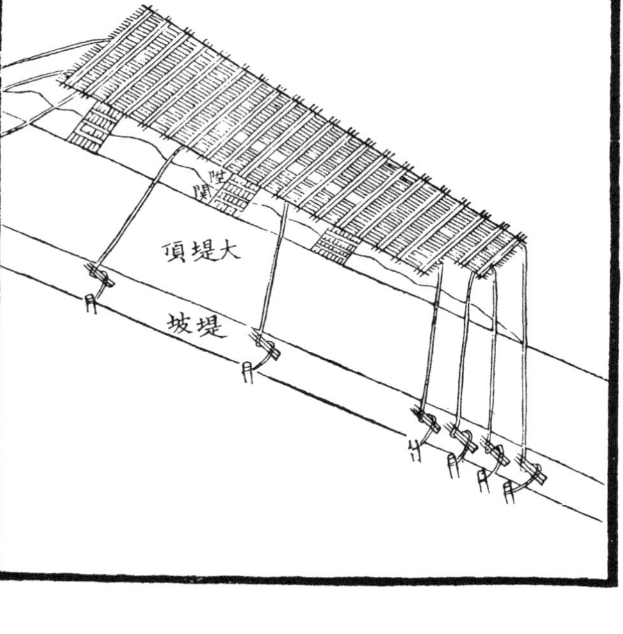

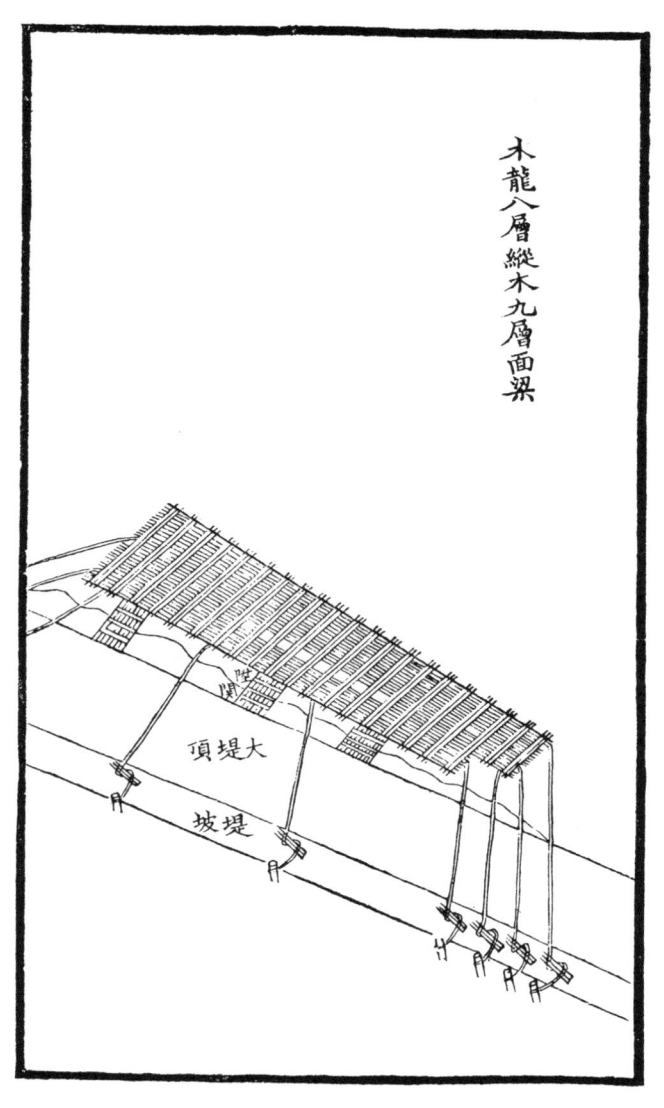

木龍第八層如第一層用縱木惟在水面不比底層搪溜祇須六排第九層仍用横梁一名面梁每道用木二根以操把竹纜貫過八層縱木抑住六七層横梁交股編紮

水閘

天平架

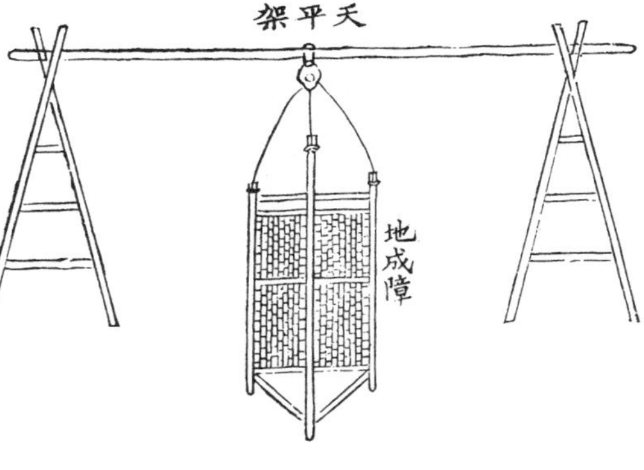

類篇架杙也所以舉物説文障隔也天平架每座用直木二横木一左右架木仍各紮横擔木三以便人夫上下地成障中柄長二丈一尺邊木長一丈八尺上中下横擔木各長一丈下用交义小木中編竹片從龍身空檔插下用截河底之澴所以澴緩沙淤化險爲平又有水閘一名水攔其法與編障相彷但直木俱用鋭首障則施於大澴懸出龍底使之不激閘則用於餘澴插入河底使之截流用雖少異功實相侔也

眠車

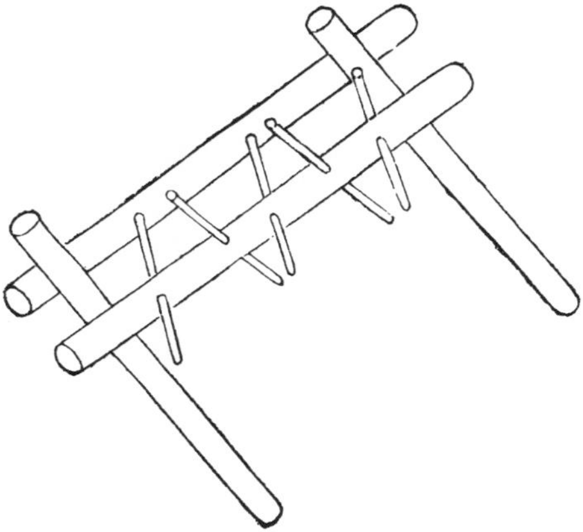

䀹車爲升龍之用每部長三丈需用四尺四楓木每間二尺鑿通交义圓孔仍留空處繫纜扣緊牮木頂住升關兩頭用杭木二擱住再用横木一根墊起杭木使前高後低然後用八尺長檀木棍絞車向前推轉加緊收纜則龍身自出挑溜用力較省

大戧

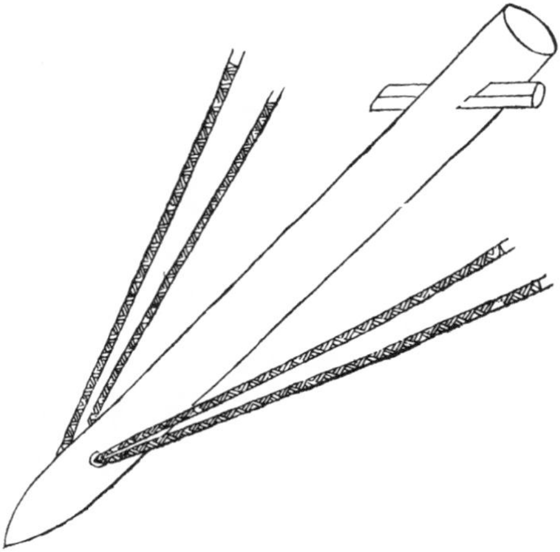

直柱

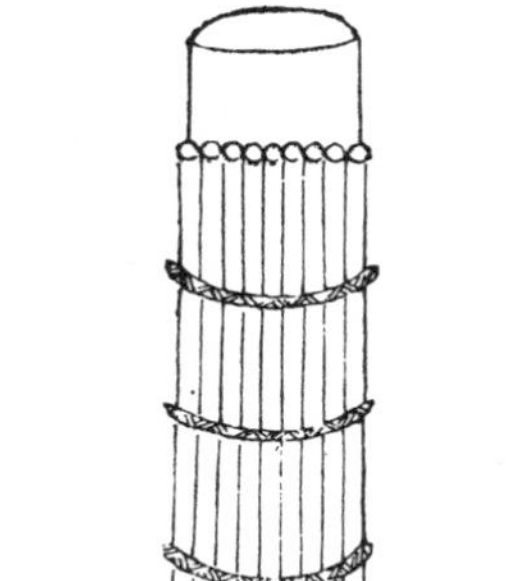

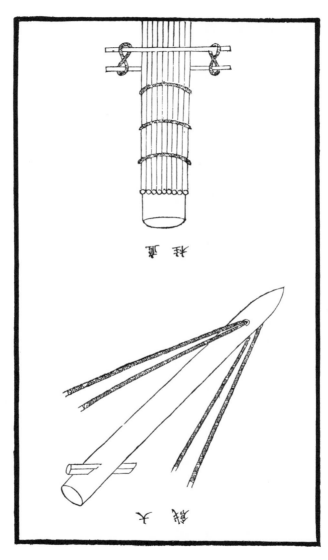

直柱爲龍身內繫纜要具需用三尺八松木長二丈下用翦木二根扣緊兩旁用木九根圍抱排擠以竹纜三扣箍紮豎於龍身底層仍於縱横各木層層擠緊至出龍面再用尺二抱木加纜箍定用以扣繫大纜方能堅固大𣳹用四尺二松木長四丈五尺銳首象眼貫以行江大竹纜二條楔緊以便挽住股車易於起下其𣳹上方眼横木係備安𣳹時繫纜豎立之用

車股

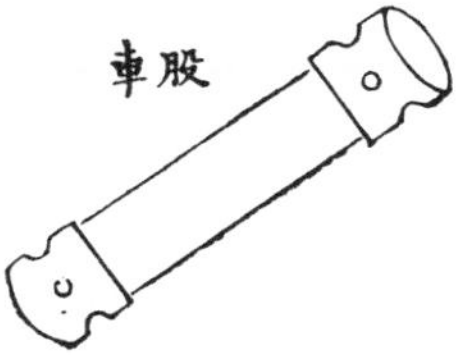

轆轤架

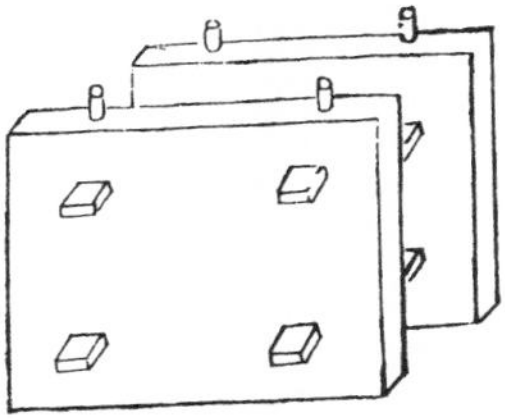

周禮考工記輪人叄分其股圍註股近轂者也股車之制長五尺五寸兩頭各留七寸五分鑿交义圓孔二中四尺細二寸擱於轆轤架上穩子之内將大戧所繫之纜挽於車身用人把住纜頭用檀棍插入圓孔輪轉戧隨纜起升犇定位縱纜下戧直貫河底穩住木龍安戧後用以起下殊省人力至轆轤架其式每架用松板二長五尺寬一尺三寸厚三寸兩頭上下各鑿方眼二另用五尺長松枋四根插入眼内楔緊套住大戧仍於架板邊上兩頭各鑿一寸二分圓孔加檀木穩子夾住股車使可旋轉而不旁出

天戧

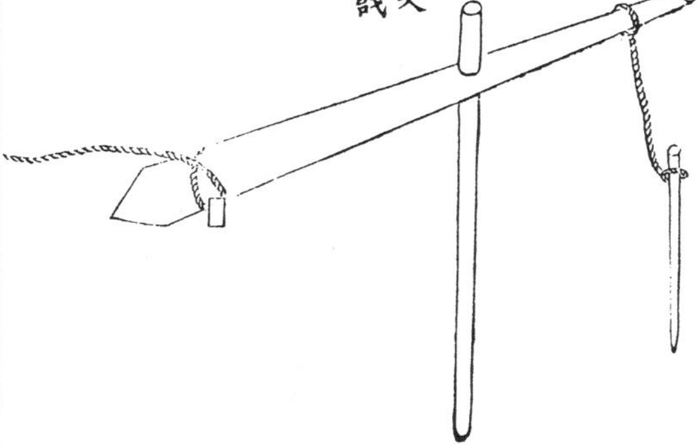

地犁

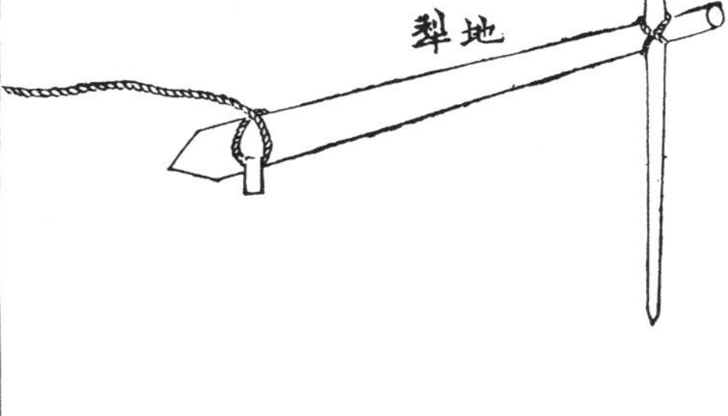

天戧地犂均爲扣帶繫龍大纜之用天戧以二尺四木爲之長二丈大頭小尾鋭首旁加管楔平斜入地五尺地犂以二尺一木爲之長一丈八尺做法仿前斜插入地四尺犂尾釘青樁一戧則腰尾各簽一樁用纜穩住使不摇動

木水逼

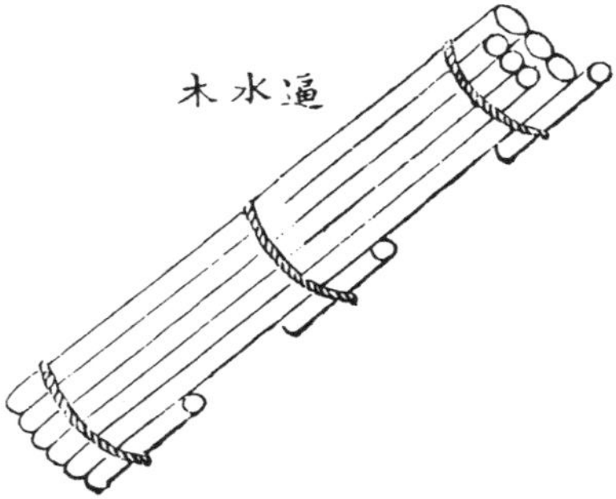

滑水

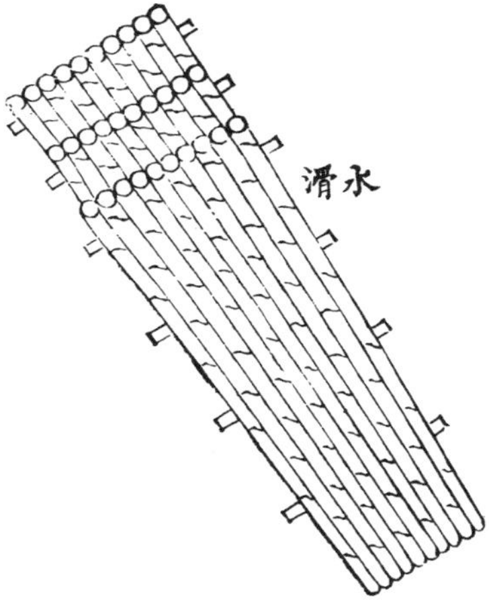

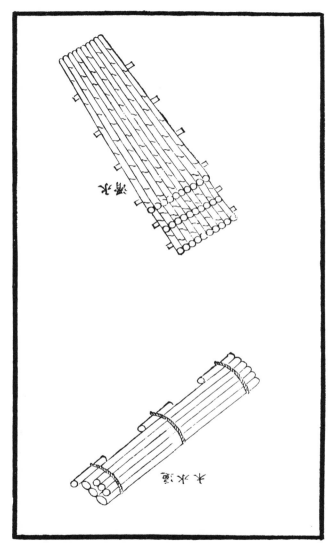

周禮疏滑通利往來氷滑每排以毛竹十雙層併疊每三排以大竹劈片貫串編成凡安木龍多在霜後大河氷凌下注篔纜最易擦損置此龍旁以爲外護又有逼水木其制用尺二木六段長一丈疊紮三層側攩龍身外邊使大澌不能衝入故名逼水

竹簍

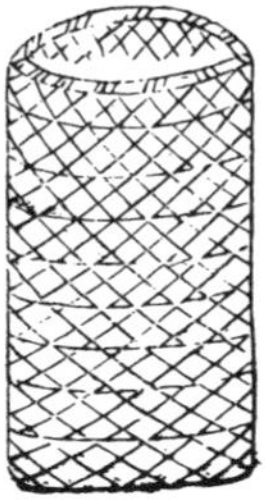

荆簍

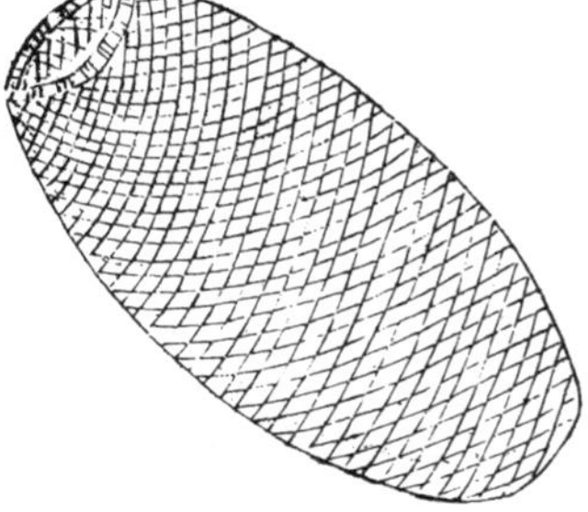

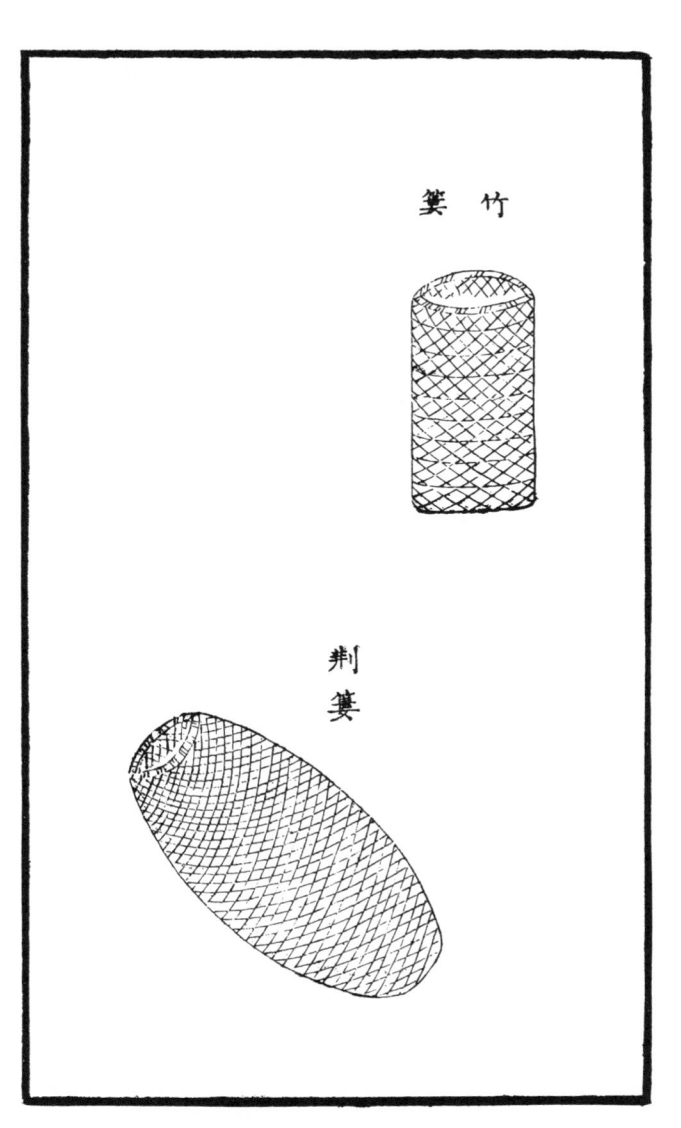

集韻簍竹籠也急就篇註簍者疏目之籠言其孔樓樓然也或長或圓形製不同或竹或荆質地不一河工用以滿貯碎石爲護埽壅水之用排砌成壩者亦名竹絡壩

河工器具圖說

長白麟　慶見亭纂輯

卷四　儲備器具

土簸箕

土車

條船

圓船

浚帮

柳船

篗　篗鉤

水誌　犁　鬬
搭爪
四輪車
箱
軠　千觔軠
刈刀　苧刮刀
繩車　綷繩架　繩牀　滑子
篾箍頭　手鉤　攔腳板　皮皴
抽子　竹響板　鍘刀　滑皮石磙
人字架　軠架　抽子木

鐵橇　鐵鋭錘　小鋭錘
鐵手錘　鐵手鏨　鐵橪　鐵榷
釣杆
麻龍頭　麻小扣　石杠
拖　拖樁
大磚模　小磚模　竹盪刀　拐鍬
浮梯　草叉　棍叉
鋸　鑽　鑿　鉋
墨斗　墨筆　曲尺手鋸
嗩錐　嗩針　笊籬

腳杷　拍板　刮刀

髀

蒲鍬　磚架　木灰刀

水缸

水斗　麻搭　抓鉤

太平桶

土簸箕

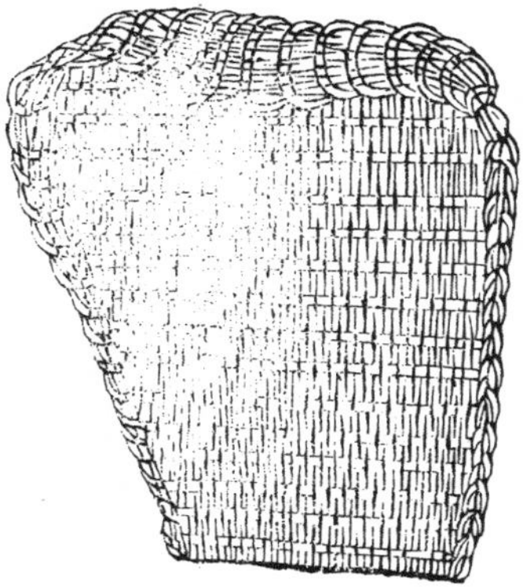

篇海箕簸箕，揚米去糠之具方言陳魏宋楚之間謂之籮陳宋楚魏之間謂笞謂籭詩云成是南箕箕，四星二爲踵二爲舌踵在上舌在下踵狹，而舌廣又維南有箕載翕其舌故箕皆有舌易播物也諺云箕星好風謂主簸揚農家用以揚糠工次則用以盛土南竹北柳其制不同其用一也

土車

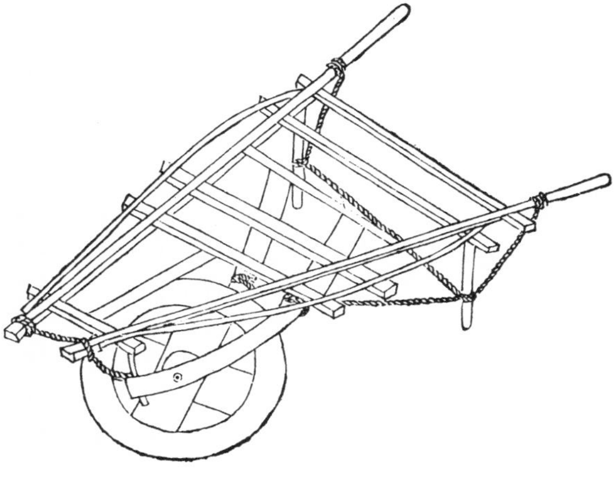

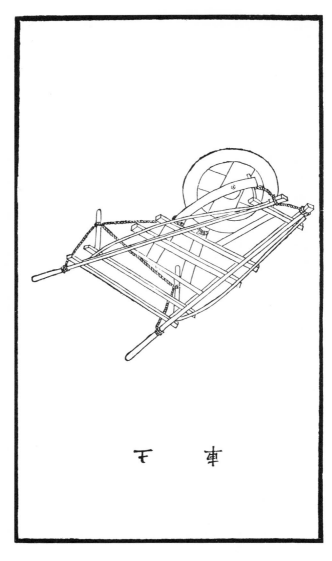

土車獨輪料土兼載稗編蜀相諸葛亮出征始造木牛流馬以運
餉木牛卽今小車之有前轅者流馬卽今獨推者是後山談叢蜀
中有小車獨推載八石前如牛頭今之土車獨推猶存諸葛遺制

江船　江船首篷式圖式

海

海

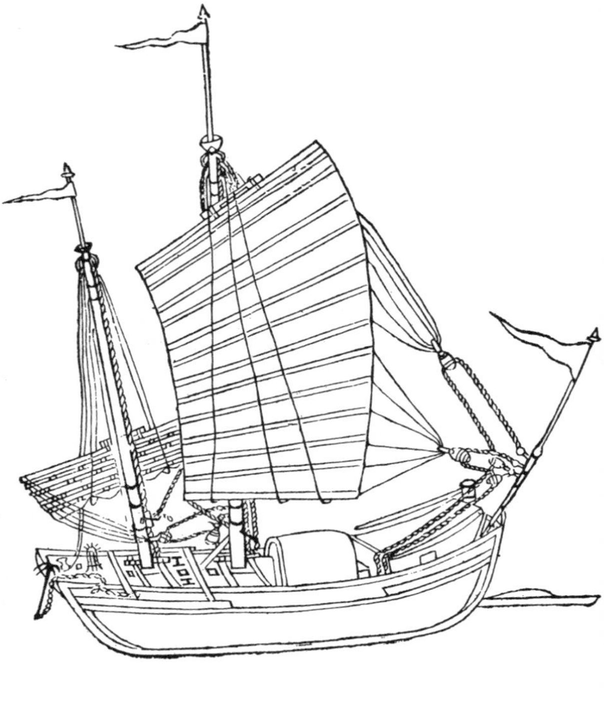

晉書天船九星一曰舟星所以濟不通易繫詞伏羲氏刳木爲舟
物原顓頊作槳作篙帝嚳作櫓作柁夏禹加以篷碇帆檣蓋至是
而行舟之具大備後世因之制度不一而工次轉運料物則以條
船爲最

圓船

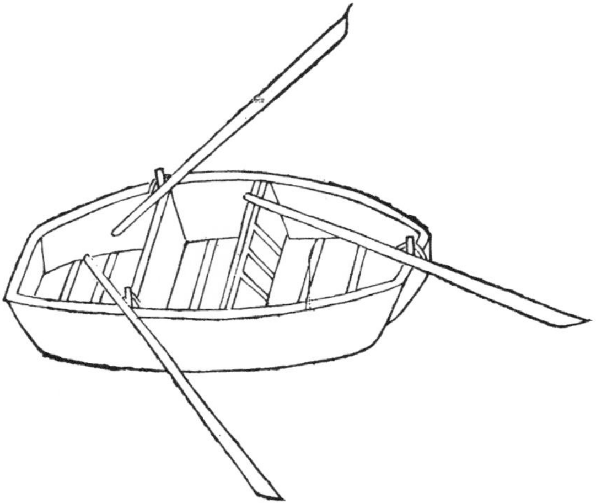

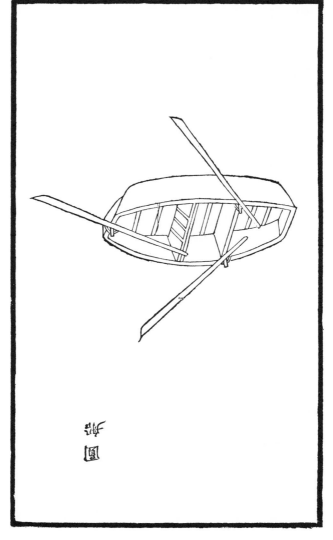

大河中又有圓船效鰲製帆象龜創櫓隨中泖大溜旋轉便利惟宜於順流而下滯於溯流而上且不任滿載終不若條船之適用也

浚帮

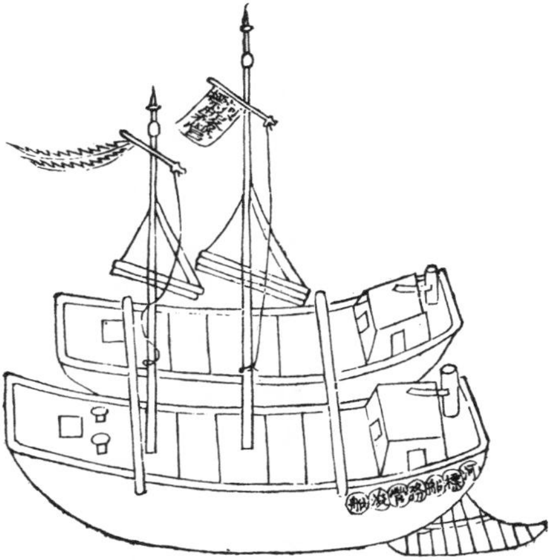

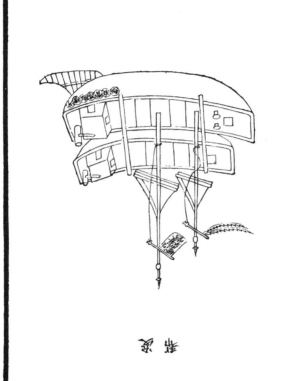

浚船康熙間靳文襄公爲疏濬海口而設旋因無效撥給各廳運料逮乾隆八年白莊恪公請復試行仍無效二十四年乃設船務營統歸管轄裹運蕩柴定制分大中小三號大者長四丈二尺中寬七尺六寸艙深三尺二寸中者長三丈九尺中寬七尺艙深三尺小者長三丈六尺中寬六尺五寸艙深二尺七寸其行以兩隻相並俗謂一幫按爾雅維舟方舟注連四船曰維併兩船曰方幫與方音同殆傳訛爾

柳船

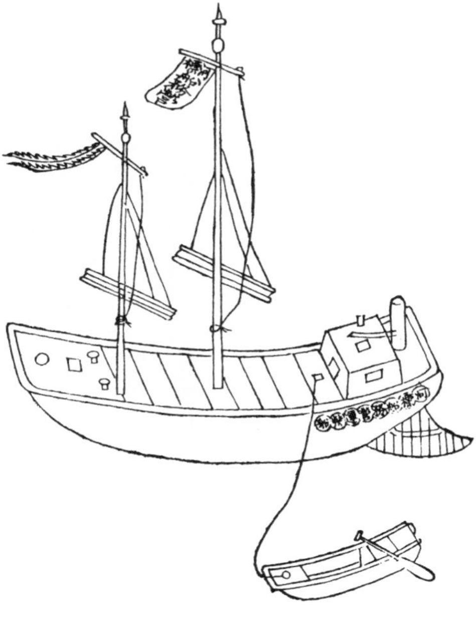

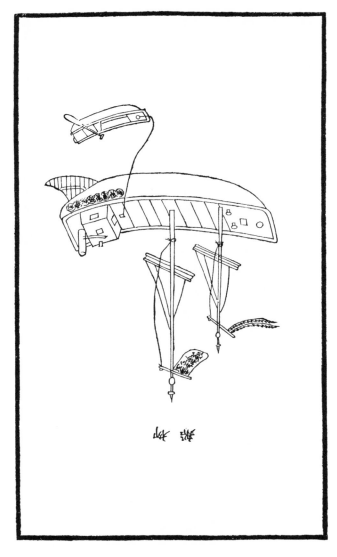

柳船定制長八丈中寬一丈六尺艙深五尺按船務營原設浚石船七百三十二隻配成三百六十六幫嗣因易於風損道光八年經張芥航河帥　奏明分年敁四爲一應成一百八十三隻連舊額柳船十六隻添造一隻共成二百分隸左右兩汛計至十六年以後無浚船矣至柳字之義俗謂用以運柳故名按漢書服虔曰東郡謂廣轍車爲柳又李奇曰大牛車爲柳則柳蓋訓大爾

簍

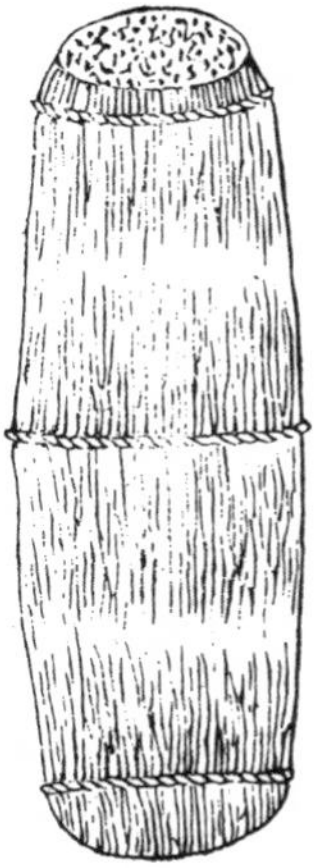

簍鈎

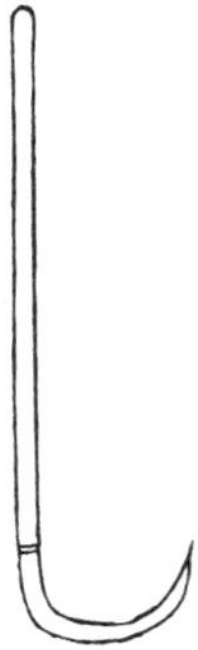

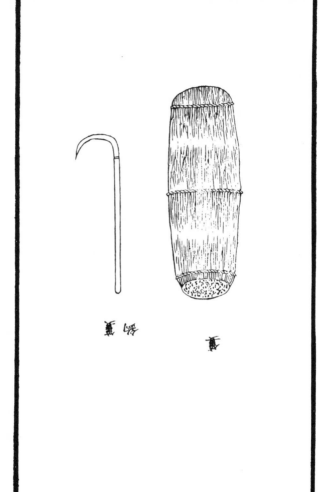

柴篗爲柳船承柴之用篗鉤爲捆紮柴篗之用其法先以上茂葦柴捆紮成篗二八上船持鉤鉤定貼緊船幫用纜跨繫使兩面相平然後用柴層層勾搭狀比魚鱗堆積如山雖遇風浪船行穩重不致脱卸至用篗多寡以柴長短爲準每邊或六節或八節俱可篗鉤則鍜鐵爲首灣長尺餘受以木柄約長二尺

水誌

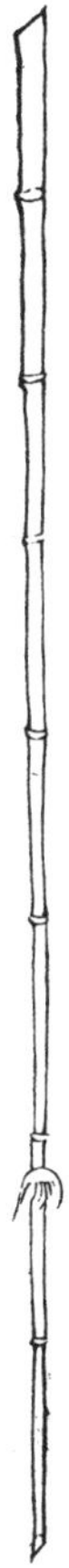

犁

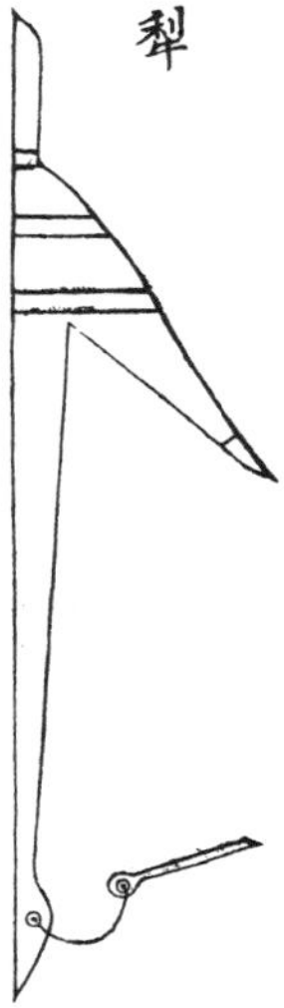

關

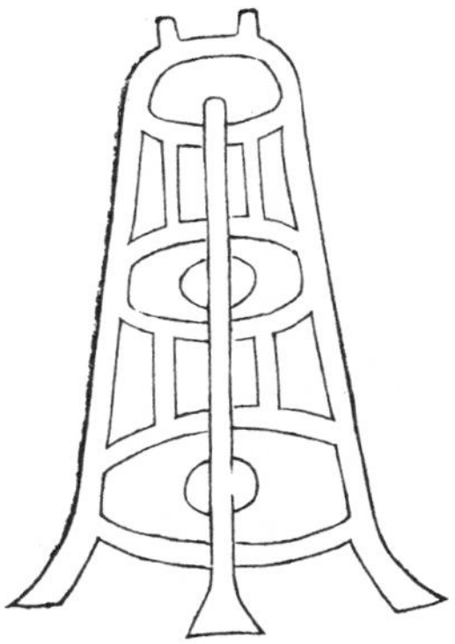

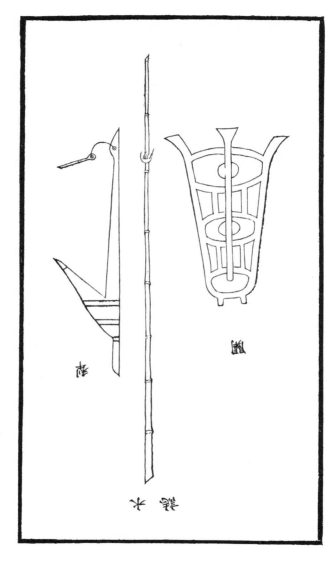

物原遂人以匏濟水伏羲乘桴軒轅作舟楫顓頊作槳作篙帝嚳作舵作櫓堯作維牽大禹加以篷碇帆檣行具大備後又增以鐵錨艬板招杆等器近時又增二具曰犁曰關凡遇風逆溜激牽挽不能得力上水設關絞行下水安犁罱拽甚便至運關之木人各一根名曰關翅安關之所用土堅築名曰關盤一名升關墹又水誌以竹爲之長二丈凡軍船入境勾水尺寸旣定則就其處紮棕爲誌持以量船卽知輕重持以探水卽知淺深亦駕駛之要具也

搭爪

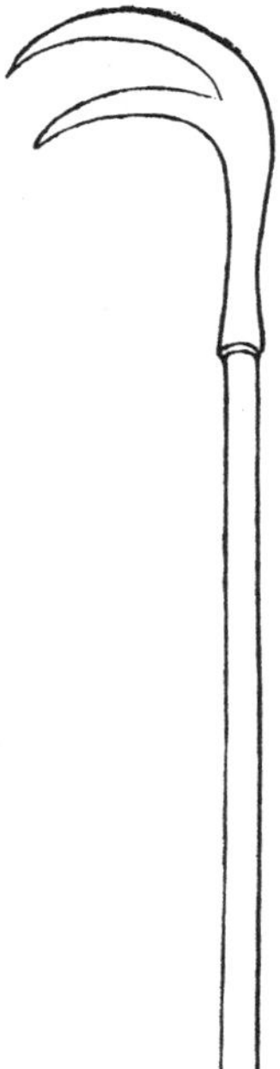

搭爪煆鐵如彎爪形受以木柄通長尺許用如爪之搭物故曰搭爪料車到工或擲以下車或積以成垛日以萬計速於手挐

四輪車

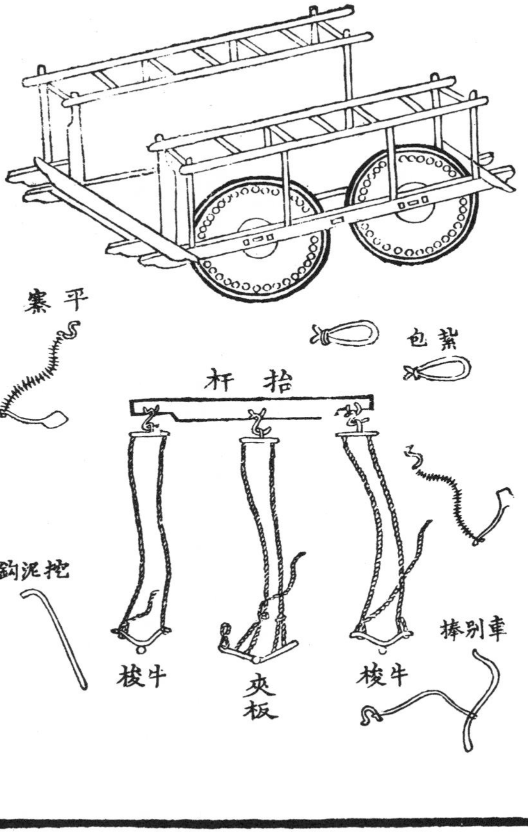

四輪車卽任載之牛車縛軛以駕牛者工次用以載稭料俗謂之料車是也而什物行李亦以此裝運往來物原少昊制牛車奚仲制馬車稗編漢初馬少天子且不能具純駟將相或乘牛車晉王導之短轅犢車王濟之八百里駁石崇之牛疾奔人不能追皆牛車也今惟四輪車駕牛間有牛馬兼用若乘車則無駕牛者矣

箱

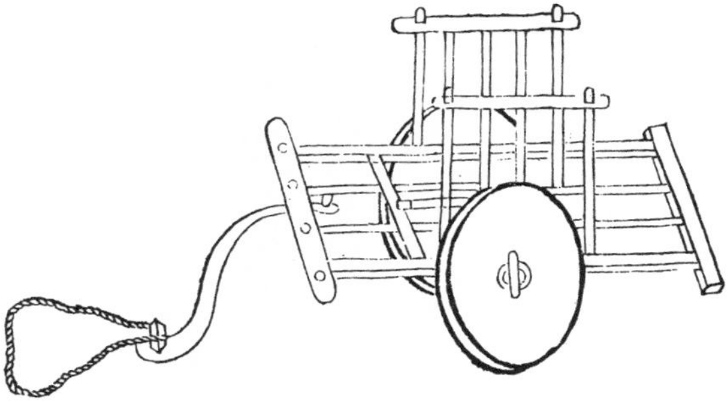

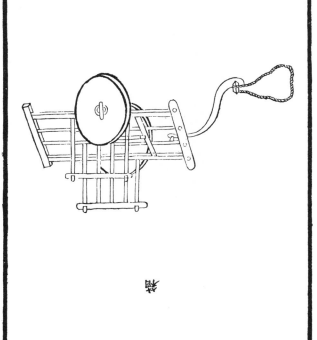

箱俗名板轂車卽古之行澤車也詩云乃求萬斯箱又云晥彼牽牛不以服箱周禮車人行澤者反輮又行澤者欲短轂農書板轂車其輪用厚濶板木相嵌斲成圓象就留短轂無有輻也泥淖中易於行轉了不沾塞獨輳著地如犁托之狀上有櫎以擐牛輓槃索上下坡坂絶無軒輊之患王楨㕙箱詩下澤名車異爾輔服箱原自有耕牛雙輪不輻還成轂獨木非輳類作輈今河灘農家尚有此車爲銜泥裝運料石之用

千觔⿰車它

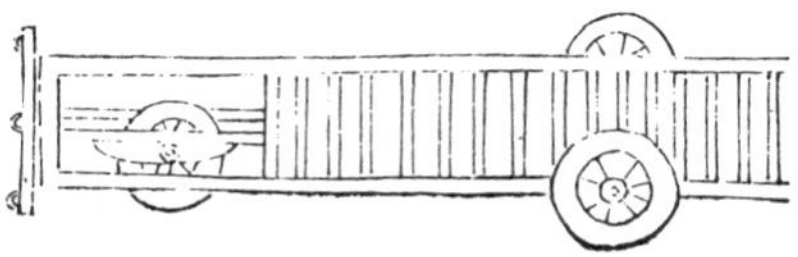

⿰車它

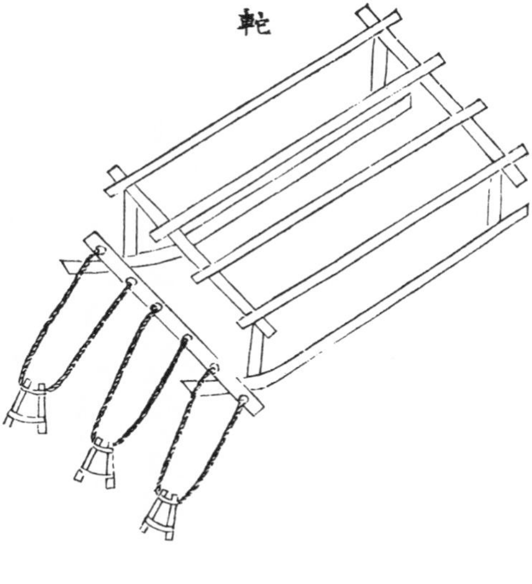

玉篇軘疾馳也今南河有軘車狀如車盤而無輪其行頗速專備淤地轉運柴料之用葢淤地有輪必陷負重難行此則以繩爲韁駕牛三頭車盤下用欄杆架起祇以二木貼地平拉無前軒後輊之患故易爲力又有千觔軘其製三輪堅木爲之每旱運大石料多用此具

刈刀

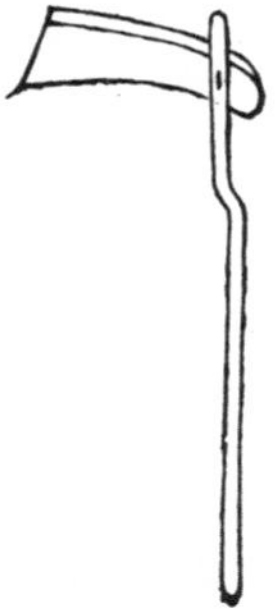

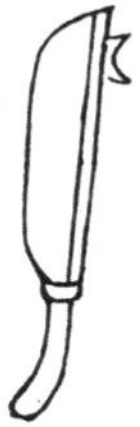

苧刮刀

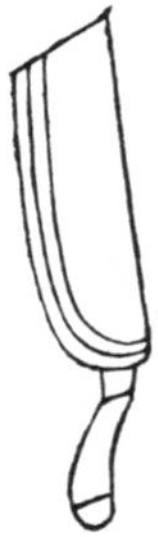

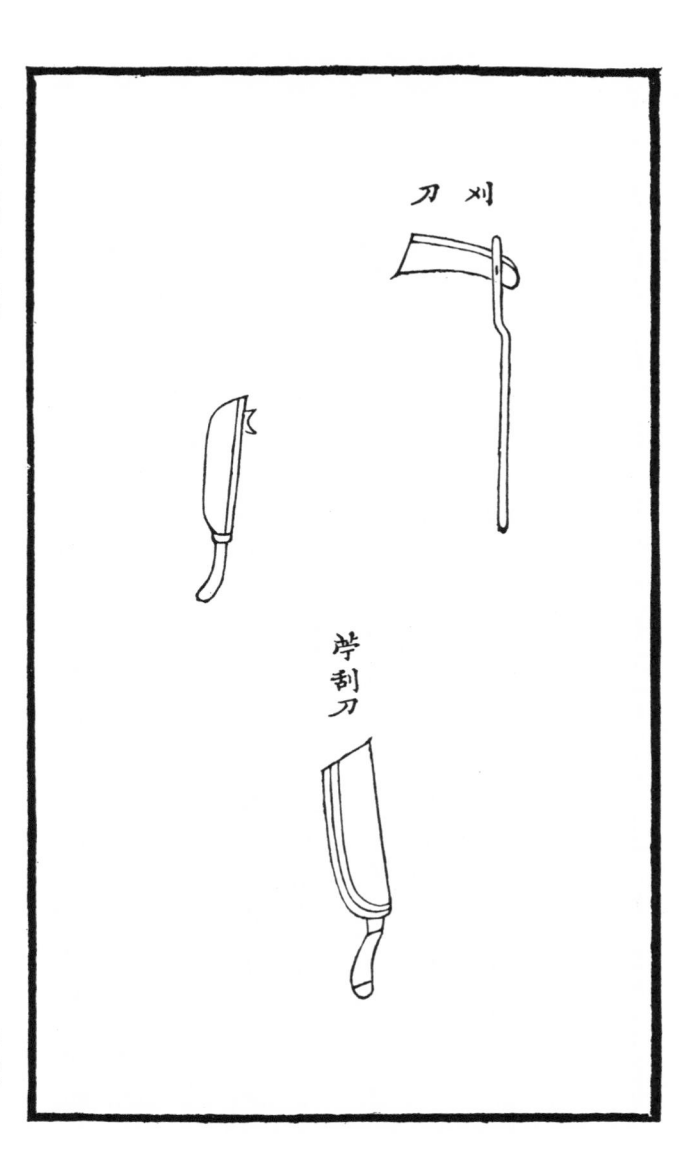

農書刈刀穫麻刃也兩刃但用鐮柯旋插其刃俯身控刈刮刀刮
苧皮刃也鍜鐵爲之長三寸許捲成槽內插短柄兩刃向上以鈍
爲用仰置手中將苧皮横覆於上以大指按而刮之苧膚卽蜕近
有一式刀首鑄鈎形如偃月亦刮苧用按江南種麻惟用拔取頗
費工力河南西華一帶種植遍野穫刈全用此刀其治麻法隨刈
卽蕒漚之清水池中寒暖得宜卽可潔白柔韌漚苧則因皮厚難
轍必需用刀刮淨其治法先用石灰拌和累日抖淨後用灰水煮
待冷然後濯以清水用蘆簾攤曬擇細者績布粗者作繩纜用

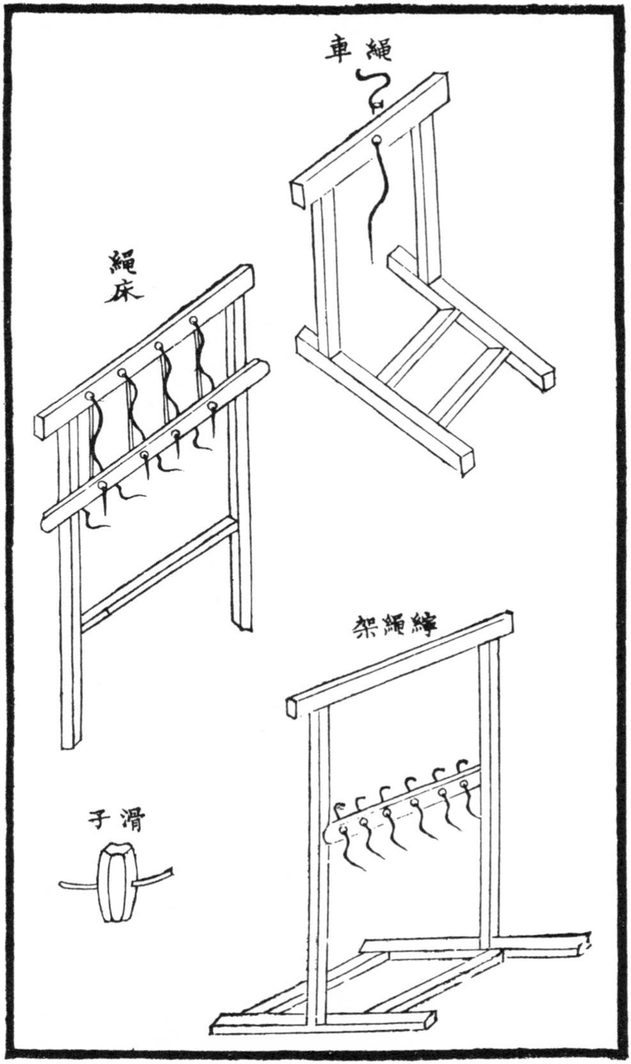
繩車
繩床
綍繩架
滑子

繩車絞麻作繩也元王楨農書繩車橫板中間排鑿八竅或六竅
各竅內置掉枝或鐵或木皆彎如牛角此只一竅且車式迥殊繩
床上下各四竅繩架則中排六竅邦與農書繩車相彷彿而式亦
不同豈古今異制抑南北各宜耶掉枝一名鐵搖手俗謂之吊子
又有爪木置於所合麻股之首或三或四撮而爲一各結於掉枝
復攪緊成繩爪木自行繩盡乃止所謂爪木者卽俗名滑子是也

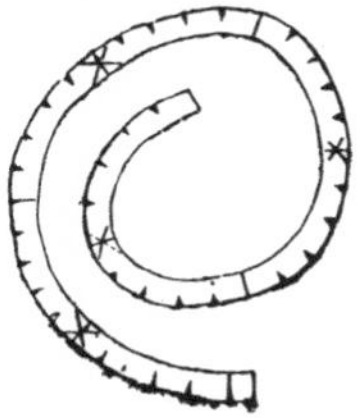
篾箍頭

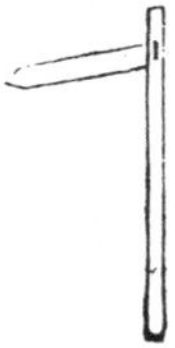
手鉤

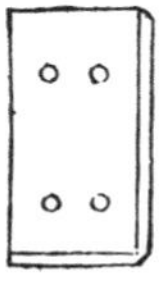
攔脚板

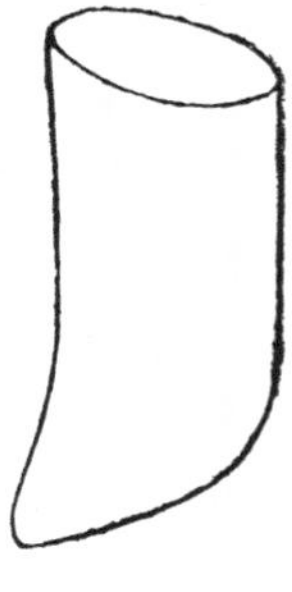
皮皺

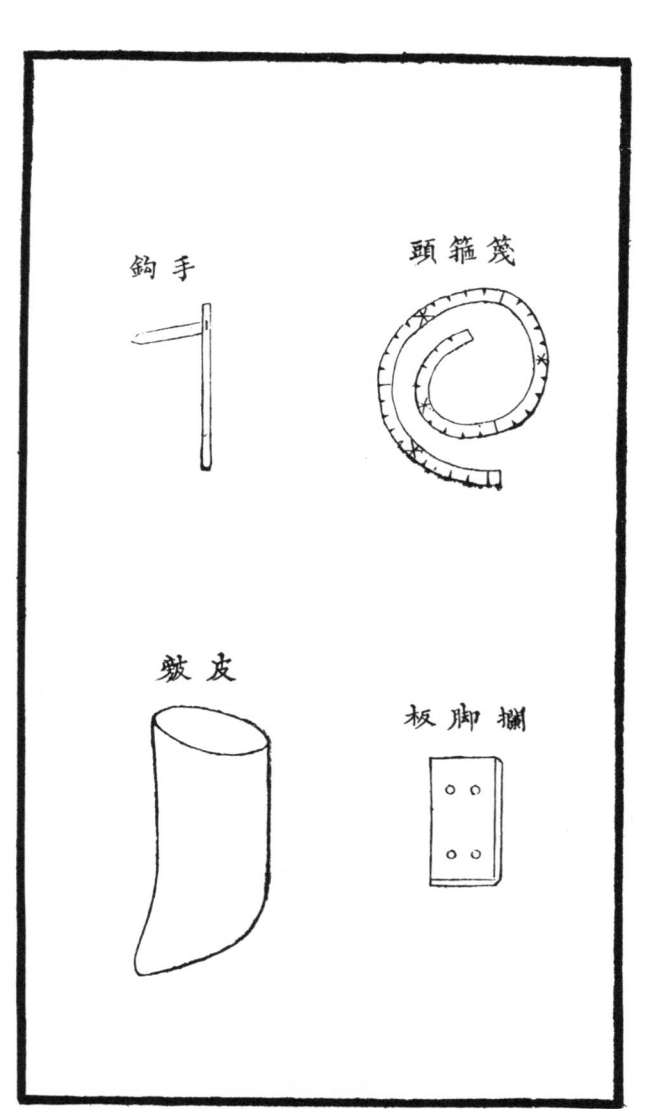

集韻箍以篾束物也又皺治履邊也今圍柴篾箍熟竹皮爲之用漆分畫尺寸定例葦營以銅尺二尺八寸爲一束手鈎又細而長約四五寸横安木柄凡柴由溝港筏運到廠樵兵兩手各持一鈎勾柴上灘晾曬堆垛省力而速擱腳板狀如屐長一尺厚一寸寬五寸前後鑿孔繫繩於履乾地採柴著之可禦柴簽皮皺狀如韈以牛皮爲之水地採柴著之可銜泥淖夜則浸以灰漿經久不爛

右四器皆蕩營樵採之具

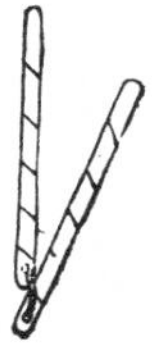

竹響板

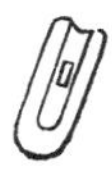

抽子

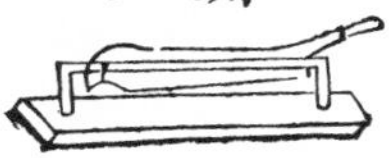

鍘刀

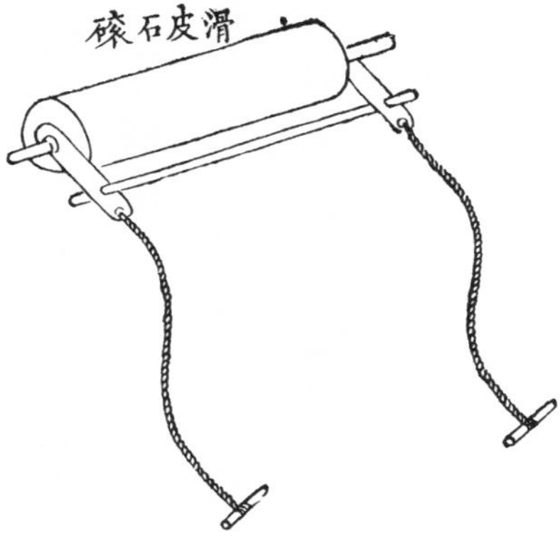

滑皮石磙

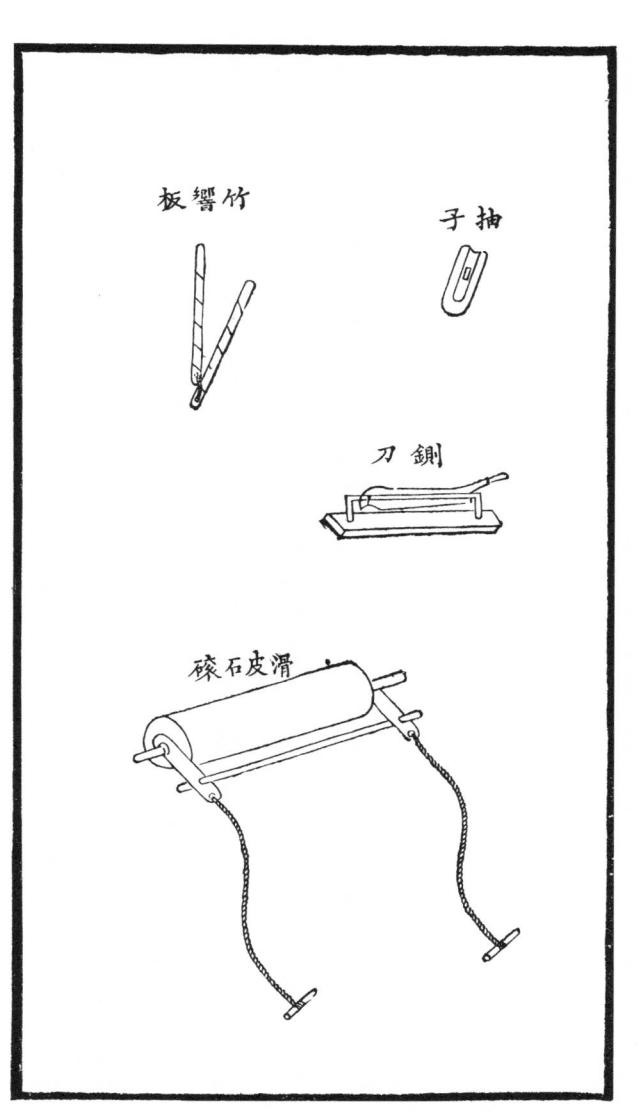

河工捆船鑲埽非纜不可東河用麻南河用葦各取其宜而製葦器具則與麻不同一鍘刀鍜鐵爲之双向下承以木床爲切去根梢之用一抽子一名梳子截木一段長盈握中開一槽廣容指内含鋼片爲抽劈皮膜之用一嚮板取竹片約長一尺每二片聯成一副用時兩手相搏有聲爲剗削碎葉之用一滑皮石滚取石琢圓徑圍三尺兩頭各安木臍上套木耳繫以長繩用時置葦於地往還拉曳爲壓扁柴質之用

人字架

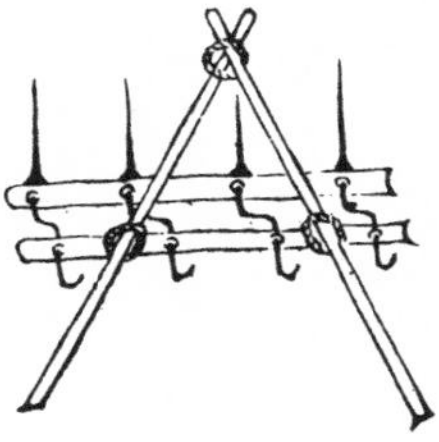

軋架

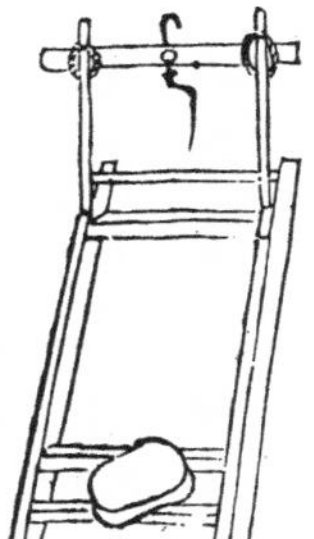

抽子木

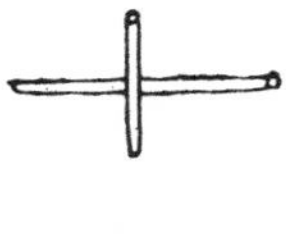

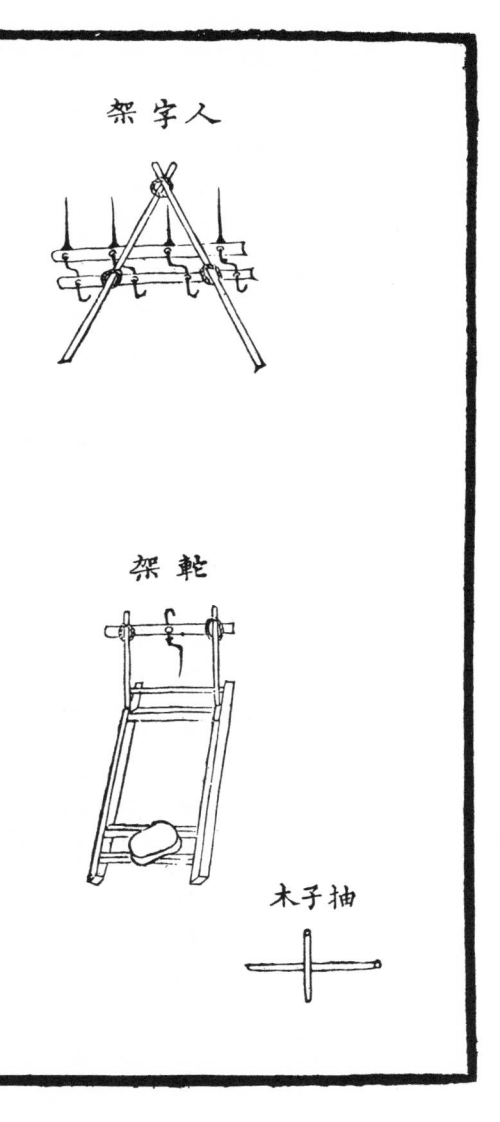

葦纜之架與繩架不同其式有二一曰人字架用木二根其上縛成人字其下分埋土內中間横架竹片二每片各鑿四孔每孔各安鐵枝一枚一曰軞架用木做成竪高二尺六寸横襯三尺二寸均安框內其架上亦横置竹片一中鑿一孔孔內安一鐵枝凡打葦纜先用繩枺絆定人字架再用巨石壓住軞架使不摇動然後將纜一頭分作四股安人字架上一頭合做一股安軞架上用人推遞抽子自然縈結成纜抽子以木爲之竪長尺二横長尺八狀如十字打纜時將四股分擺其間推之卽合用與梭同鐵枝俗名鈎子卽摇手也

鐵鋧錘

鐵橇

小鋧錘

揚子方言錘重也東齊曰鏁宋魯曰錘集韻撬舉也凡開山採石
山有土戴石石戴土之分見山面露有浮石必先用鎚錘擊之審
定其下有石然後刨土開採鎚錘之製鑄鐵爲首大者形長而扁
兩頭皆可用中貫籐條或竹片以爲柄小者兩頭一方一圓以木
爲柄約重十五六觔均專備劈裁石料之用又鐵撬以鐵鍜成長
一尺六寸重十餘觔爲撬起石塊之用

鐵手錘

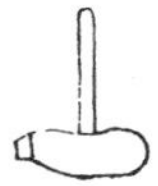

鐵手鑿

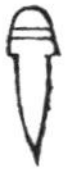

鐵橪

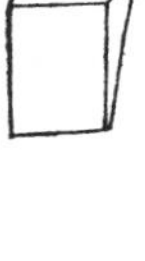

鐵樁

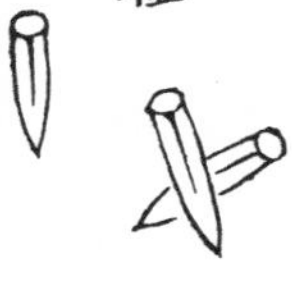

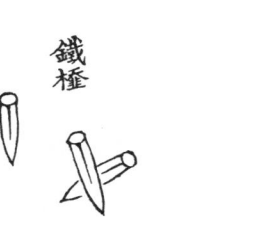

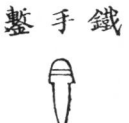

說文鏨小鑿也橪與檝同側擊也橇見字典而無考右四具皆採石所必需手錘尖頭圓底約重三觔手鏨圓腦尖嘴鐵橇圓腦扁嘴長四五六寸不等鐵橪上寬下窄其用與橇同凡開山旣見石矣須審山之形勢順石之脈絡度量所需石料長短厚薄劃定尺寸先鑿溝槽約寬三寸深二寸每尺安鐵橇三根擊以鋧錘用水浸灌刻許然後用錘鏨儘擊開採再橇名不同在平處爲劈橇直處爲鏨橇兜底横處爲擡橇擡橇得施以鐵撬而石出矣又黑麻豆青等石皆用鐵橇漸擊漸入匠人謂之含橇獨黄麻石用鋼橇一擊卽起匠人謂之跳橇必須繫以線索不致跳遠則又石性之不同耳

釣杆

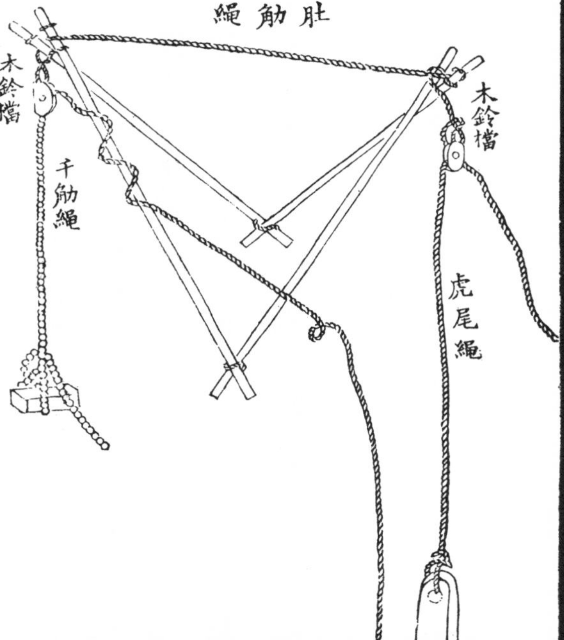

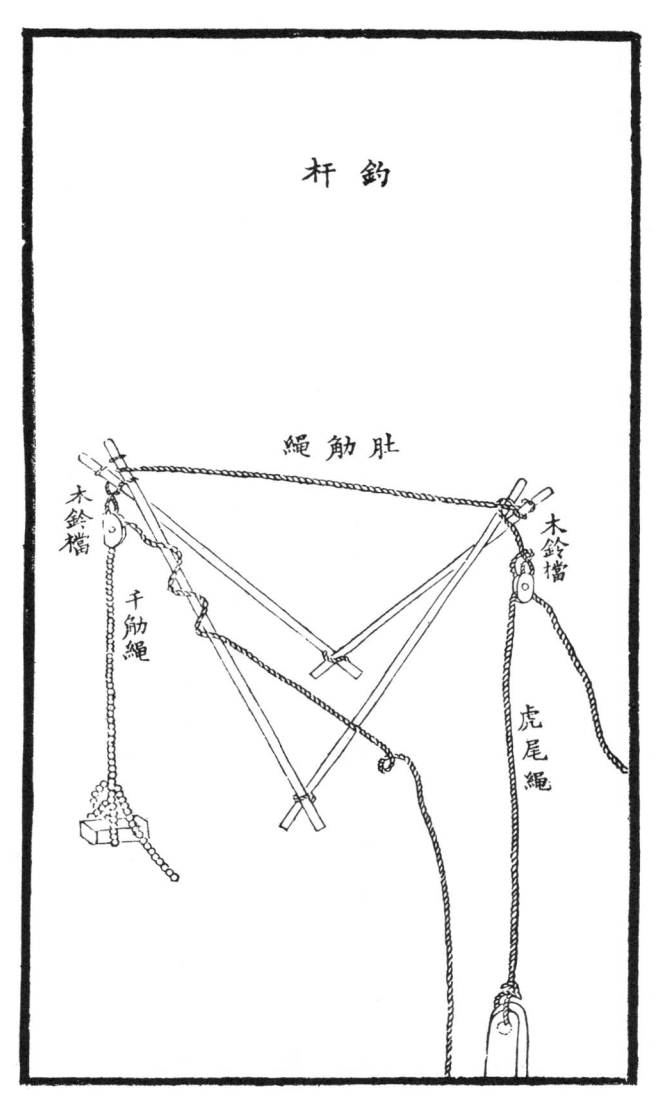

南河修補石工例應選四淥六舊石塌卸多沉水底旣深且重人力難施撈取之法全仗鈎杆其制用杉木四根交义對縛仿架綱式安置岸邊前繫鐵鍊名曰千觔後繫棰粗麻繩名曰虎尾承繩之處名木鈴鐺然後遣水摸夫入水摸石引繩扣繫集夫拉挽虎尾繩鈎撈上岸又採石裘船行運石重船浮非跳板所能上下裘載之法或於崖岸設立鈎杆或用本船大桅繫索拉鈎卸亦如之

麻龍頭

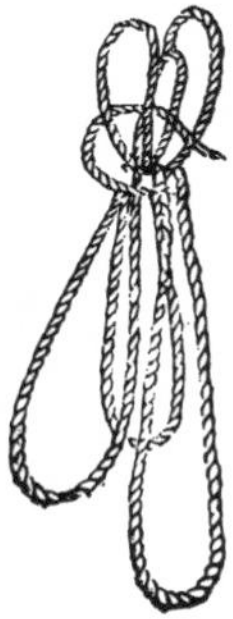

麻小扣

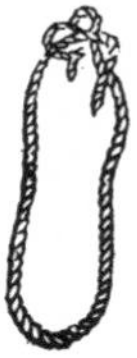

石杠

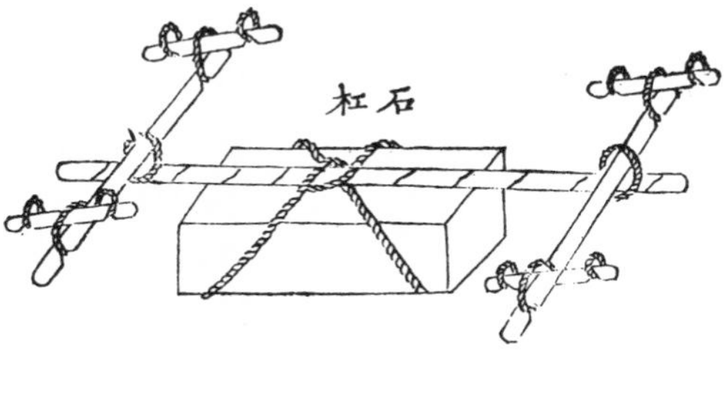

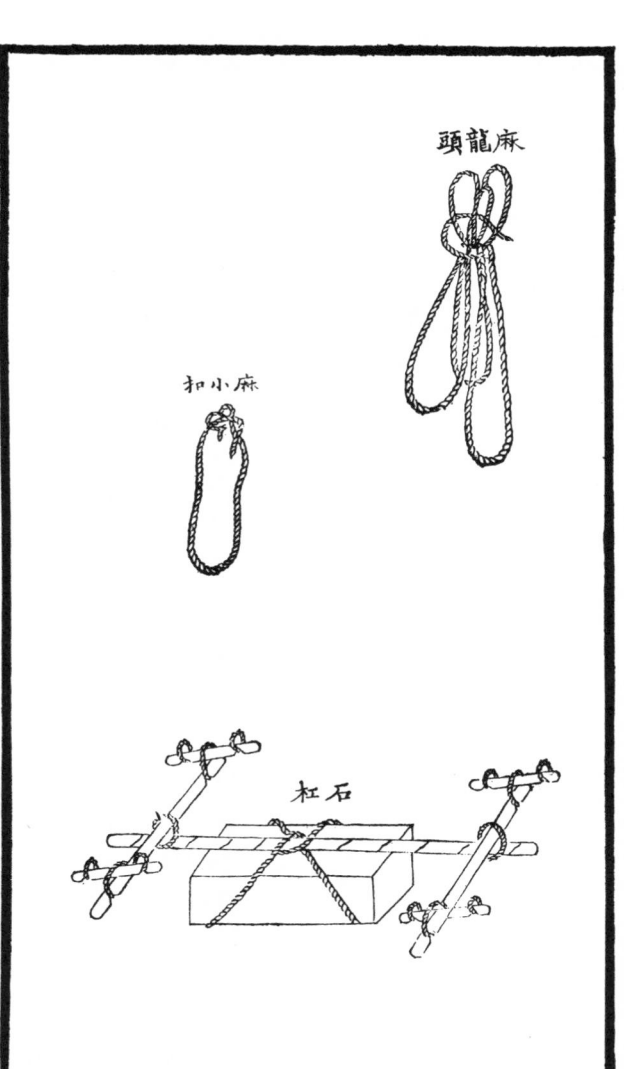

説文杠横關對舉也凡擡條石人數或四或六或八視石之輕重大小爲準其所用杠選大竹爲之俗名曰牛中用麻繩打結名麻籠頭繫石四角兜而懸之竹杠兩頭用麻繩打結名麻小扣横穿短杠俗名大木牛兩頭再各用麻小扣穿小杠俗名小木牛

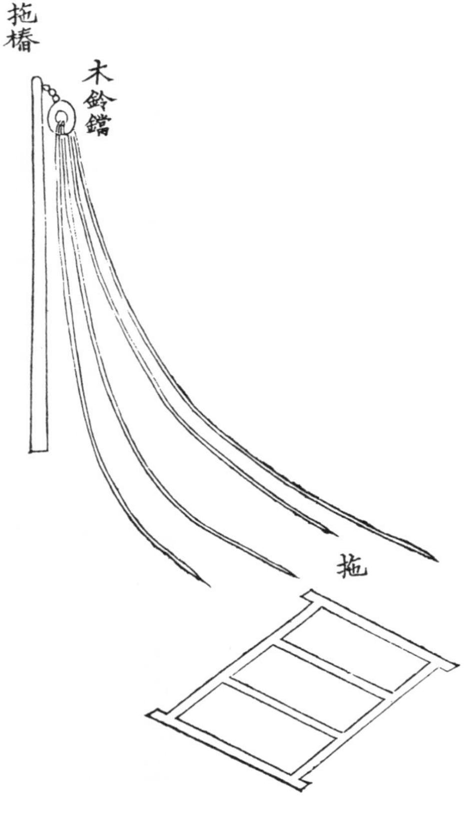
拖樁
木鈴鐺
拖

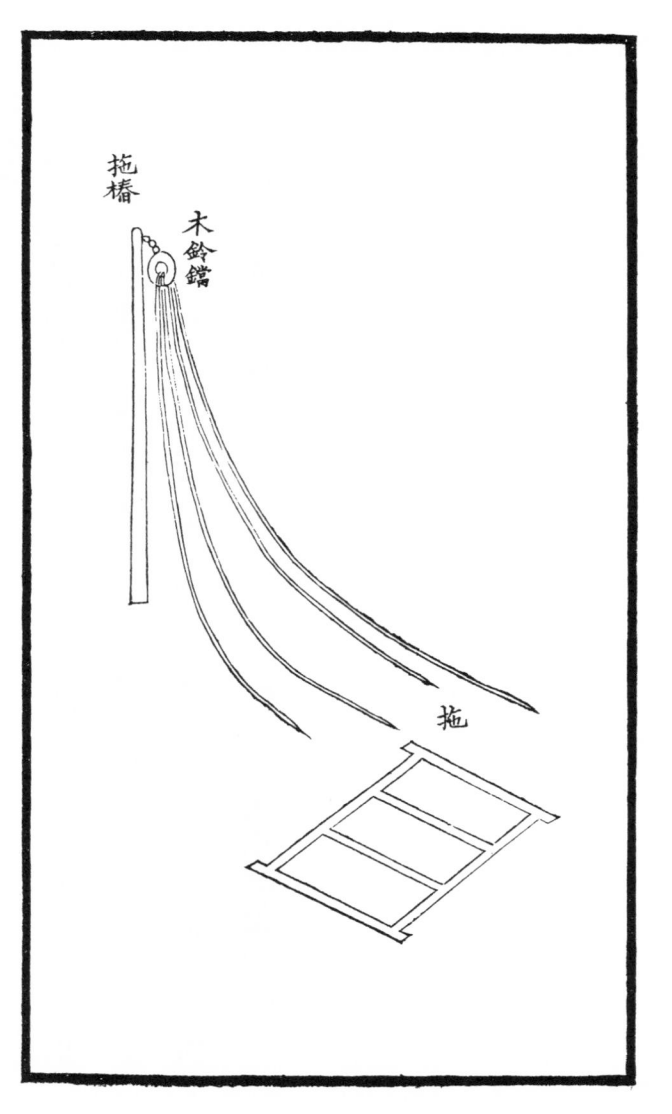

禮少儀疏拖引也集韻拖牽車也拖一名旱車江南運石用之北路石料長大者亦用此具其法於拖前遠立長樁樁頭繫以木鈴貫以長索一頭繫住拖上石料一頭以人力倒挽人退拖進一拖不及再立樁如法行之至拖之人數則以石之大小輕重爲準

大磚模

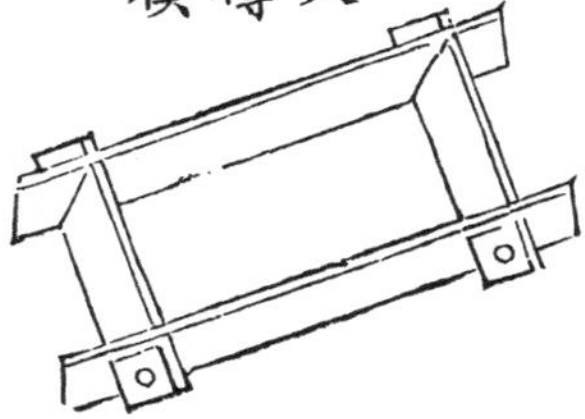

小磚模

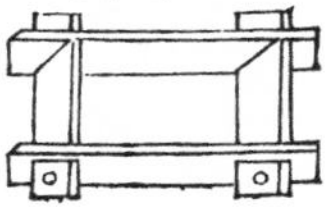

撈鍬

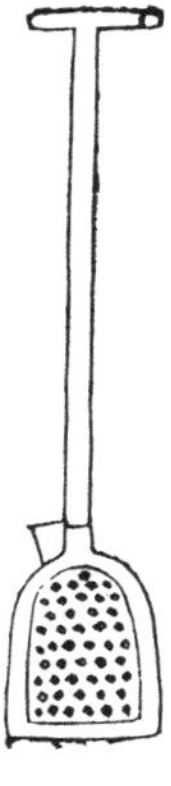

竹盪刀

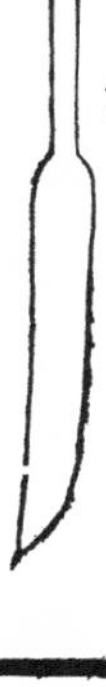

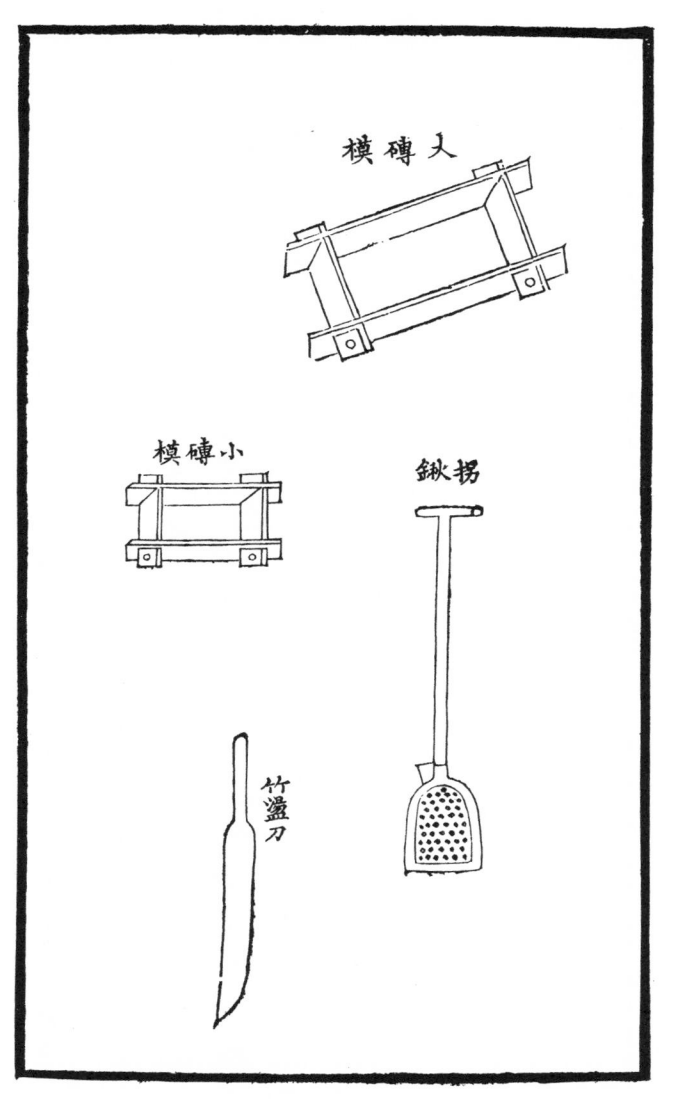

甎卽瓴甓古史考烏曹作甎廣韻模形也左思魏都賦受全模於梓匠類篇盪動也説文盪滌器叉鍬臿屬唐韻拐物枝也治甎之具有模大小均用堅木合成盪刀以竹爲之拐鍬剡木爲首以鐵片包鑲四邊中列釘頭受以丁字長柄用之拌和熟泥貯模成墼俗謂之坯再用竹刀盪平脱下曬乾積有成數然後入窰燒煉計日成甎

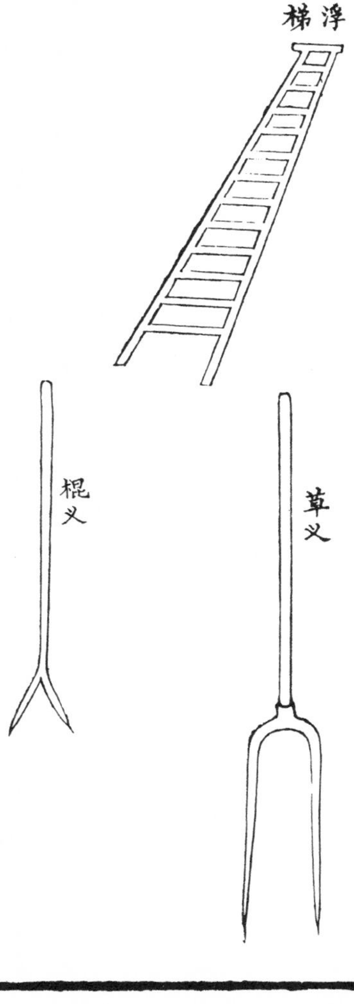
浮梯
棍叉
草叉

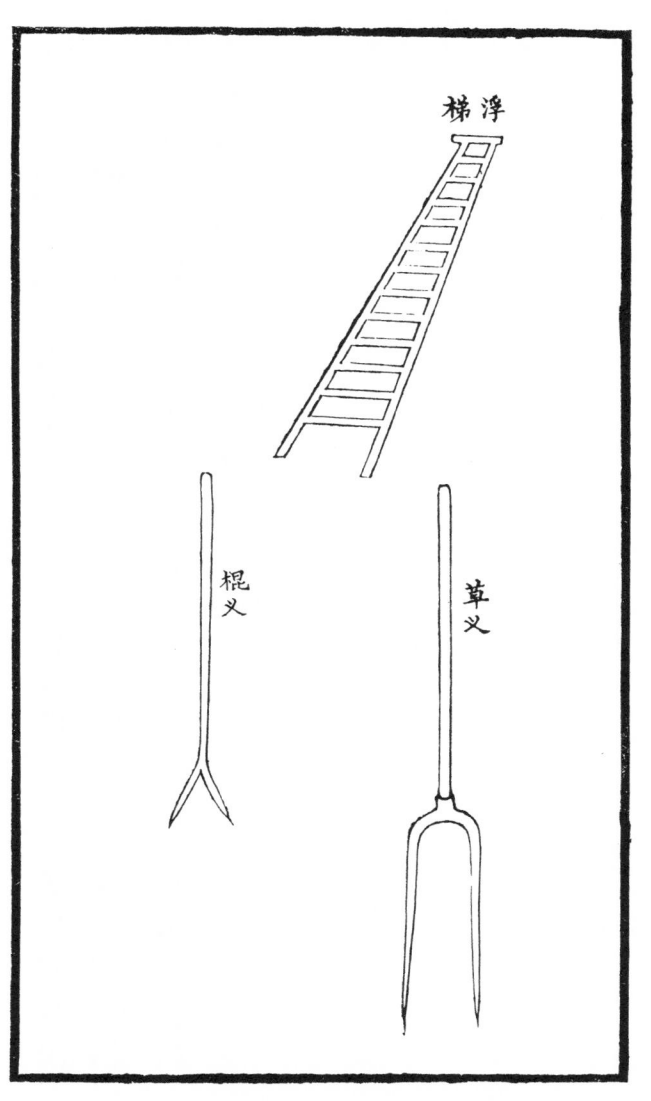

正韻叉兩歧也説文梯木階也釋名梯如階之有等差也草叉削
木爲柄鍜鐵爲首兩齒銛利而長備燒甎挑柴之用棍叉鍜鐵爲
之柄圓齒扁備燒窰撥火之用浮梯以木爲之修工匠人用以站
足隨等上下畫線俾得一律

鋸

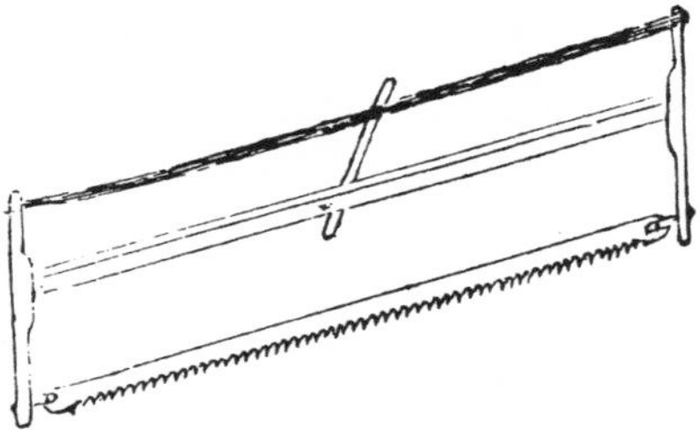

鑿

鑽

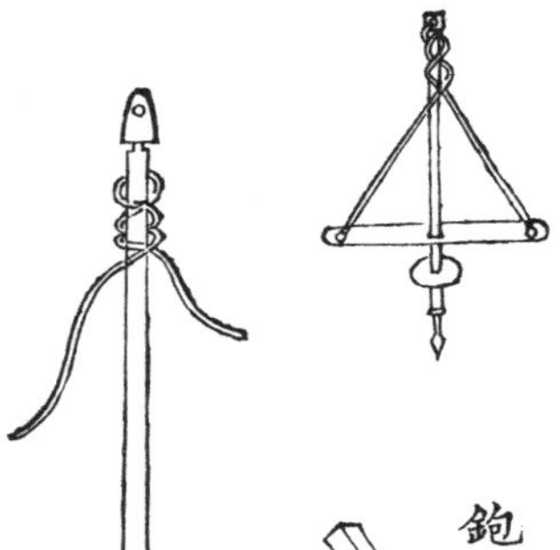

鉋

物原軒轅作鋸般作鑽古史考孟莊子作鋸作鑿事物紺珠推鉋
平木器魯般作說文倉唐鋸也正字通鋸解器鐵葉爲齟齬其齒
一左一右以片解木石也鉋正木器大小不一其式用堅木一塊
腰鑿方匡面寬底窄匡面以鐵針橫嵌中央針後豎鐵刄露出底
口半分上加木片插緊不令移動木匡兩旁有小木柄手握前推
則木皮從匡口出用撬於鏟凡騎馬樁橛之類或有長短不齊高
低不平非此數具烏能治之

墨斗

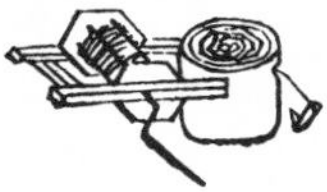

墨筆

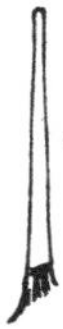

曲尺

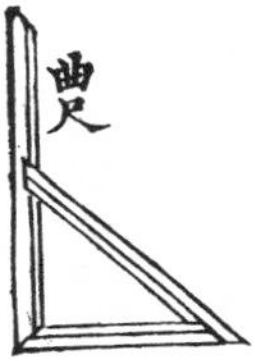

手鋸

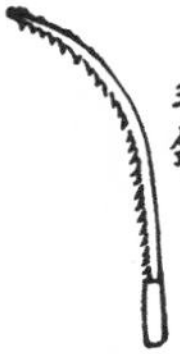

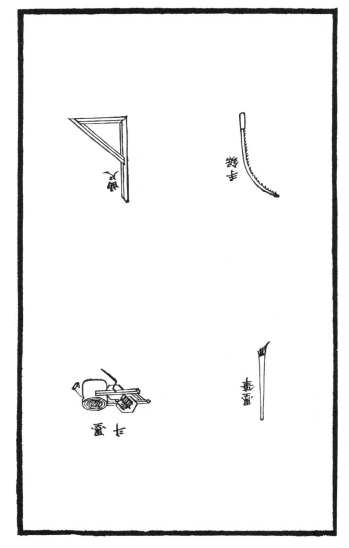

廣韻商君書赭繩束枉木注赭繩卽墨斗也甘泉賦注鉤曲尺也
正字通鋸解器也凡匠人斷木分片必先用墨線墨筆彈畫方能
正直墨斗多以竹筒爲之高寬各三寸許下留竹節作底筒邊各
釘竹片長五寸中安轉軸再用長棉線一條貯墨汁內一頭扣於
軸上一頭由竹筒兩孔引出以小竹扣定用時牽出一彈用畢仍
徐徐收還斗內墨筆亦取竹片爲之其下削扁用刀劈成細齒以
便醮墨界畫曲尺形如勾股弦式惟股微長便於手取股長一尺
五六弦長尺四勾長一尺分寸注明勾上凡製木器合角對縫非
此不爲功手鋸係用鐵葉一片鑿成齟齬約長尺五受以木柄長
三寸爲解析竹頭木片之具

喚錐

喚針

笊籬

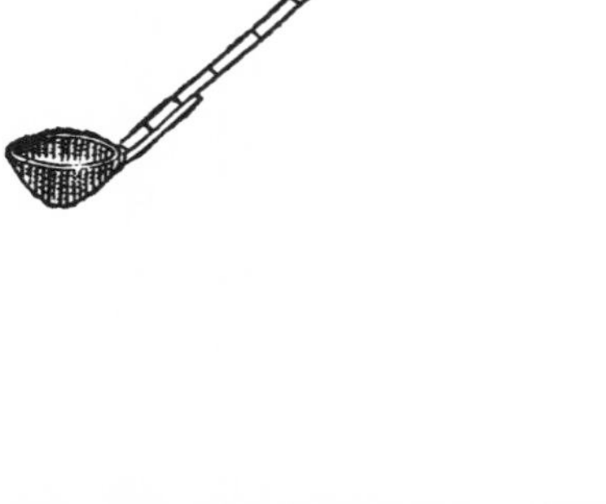

史記索隱江南謂葦籬曰笆今南河編紥牆屋多用葦竹是以有笆匠之目其編紥利器唤錐唤針均鍛鐵爲之錐長一尺凹心式如半邊破竹孔引麤繯針長五寸孔引細繩均名曰唤者葢兩人對編時一内一外彼此照會應聲後然後下錐穿針耳又有笊籬以竹絲編成受以長竹柄凡笆匠編紥旣成登高貫頂須和稀泥苫草以此爲遞送之具

脚杷

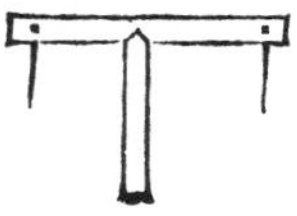

拍板

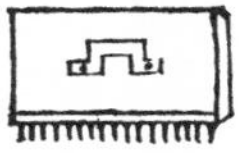

刮刀

玉篇以草覆屋曰苫左傳乃祖吾離被苫蓋註白茅苫也江東呼爲蓋今工廠館舍兵房夫堡多用苫蓋其具有三一曰刮刀鑄鐵露刃狀如弓以兩弣爲柄凡未苫之先上梁竪柱用以刮垢摩光一曰脚杷斷木爲架式如丁字兩端各簽長鐵釘一攜以升屋隨處可插凡苫蓋之時鋪頂壓脊用以接高立脚一曰拍板析木爲片面布齊頭短鐵釘背安套手凡旣蓋之後刪繁除冗用以平治整齊

牌

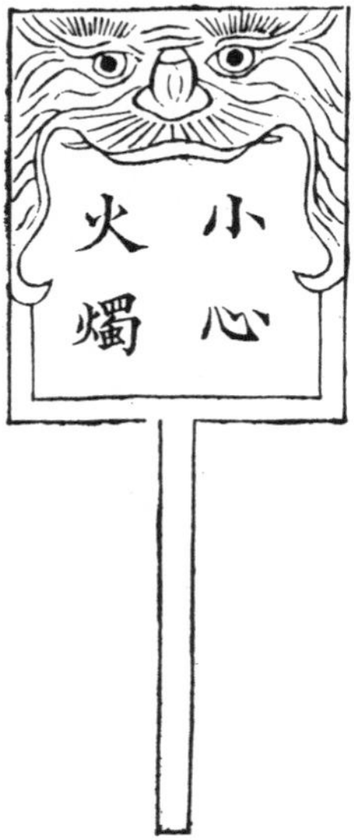

牌首亦繪虎頭大書小心火燭四字因料廠重地當風日燥烈之時誠恐遺漏火種所關非細立此示禁令兵弁觸目驚心加意防維庶幾帑項工需益昭慎重

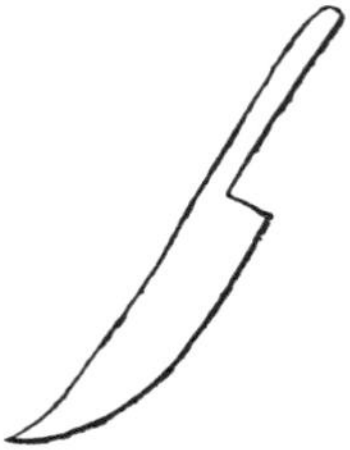

木灰刀

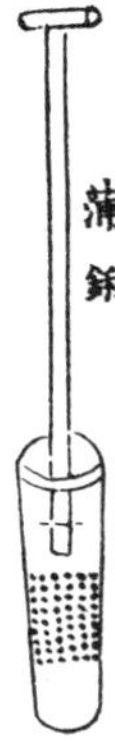

蒲鍬

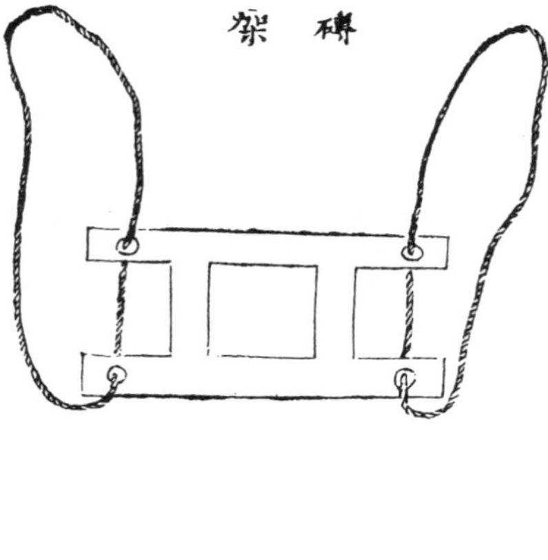

磚架

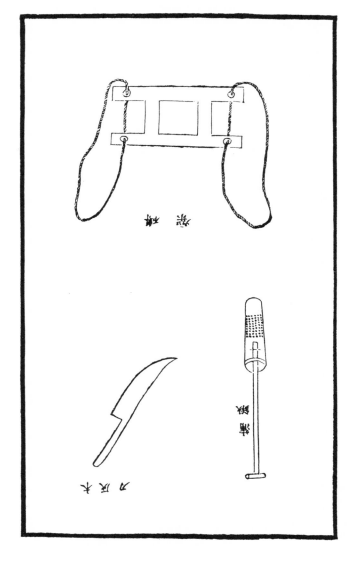

玉篇鍬臿也釋名蒲敷也廣韻桀舉也蒲鍬以堅木爲質鐵葉裹口上安丁字木柄利除沙土磚架以木爲之中方兩頭鑿孔穿繩作繫便於抽動配平工夯用以擡磚木灰刀形如瓦刀剡木爲之石匠用以勾砌

水缸

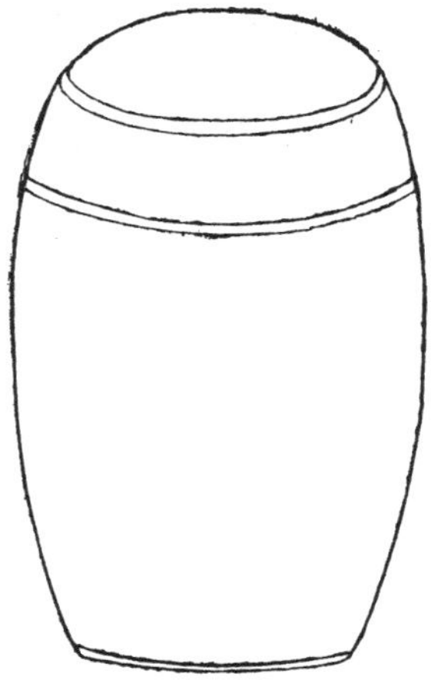

玉篇缸與瓨同説文似罌長頸受十升漢書注缸長頸罋也唐詩
花撲玉缸春酒香水缸設於料厰以備火燭平時貯水更資利用

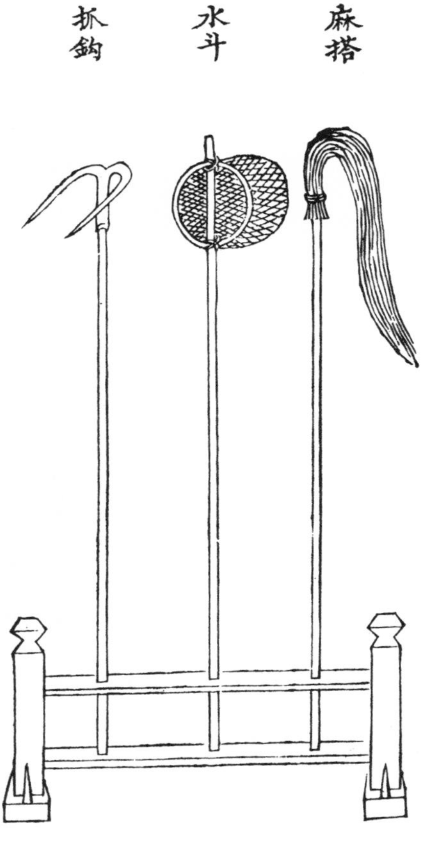
麻搭
水斗
抓鉤

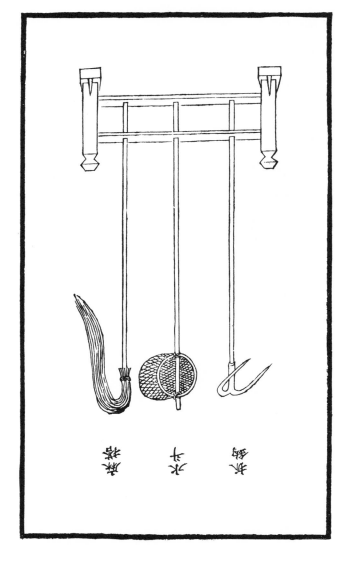

麻搭以麻爲之形似麈尾水斗柳笣編成即小戽斗廣韻戽斗舟中渫水器也搭鈎玉篇鐵曲也二股内向便於搭拉草料與拆廂舊埽之三股抓鈎差别三者皆料廠備防火燭之用

太平桶

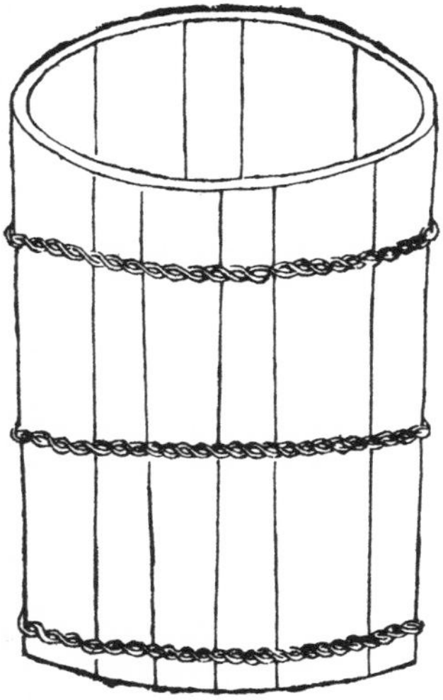

事物紺珠桶馬鈞作物原桶木器受六升博雅方斛謂之桶今時
用以挑水史記商君傳平斗桶又作甬禮月令仲春角斗甬料廠
旣設水缸何以又設木桶葢恐隆冬水凍缸易裂縫桶則貯水無
患故曰太平

跋

右河工器具圖說四卷

河帥見亭先生所手輯也分其目爲四門繪其象爲一百四十有五幀中有以類相從者共得二百八十有九種物物爲之圖卽物物爲之說目睹耳聞口講指畫事有繁簡制有損益名有雅俗用有古今精且審矣明且備矣昔宋呂大防撰考古圖王黼等撰宣和博古圖明呂震撰宣德鼎彝譜是亦器具圖也而近于玩好無論有說無說皆與政治無關至奇器圖說明鄧玉函所著其解木解石轉磨轉碓之屬共三十九圖各系以說諸器圖說王徵所著凡十一圖皆徵自造具

見思致然專尚奇巧終非日用行習之物豈若是書爲
國家之要務河渠之急需其信今傳後大非淺鮮哉且夫治河
之道歷有成書元沙克什河防通議分列六門法則咸備明
姚文灝浙西水利書歸有光三吳水利錄張內蘊周大韶三
吳水考俱就一隅而言
國朝張伯行之居濟一得靳輔之治河方略傳澤洪之行水金
鑑齊召南之水道提綱熟諳形勢總括機宜得失利弊詳哉
言之然立其説者未嘗製爲圖也其有圖而兼有説者宋單
鍔作吳中水利書蘇軾嘗爲奏進狀稱原本有圖今已從佚
元王喜治河圖略首列六圖末陳已説明潘季馴河防一覽

其圖說在辨惑檢要之前謝肇淛比河紀河道諸圖之後分
河程河源等八紀陳應芳敬止集有六圖十三論張國維吳
中水利書有東南七府水利總圖
國朝薛鳳祚兩河清彙將黃河運河繪爲二圖又著論四篇之
數書者覽其圖誦其說不愆不忘率由舊章何莫非效法之
所在邪雖然水道有變遷人事有因革非空言可以取驗也
非徒手可以奏功也且非親歷不能悉其形也非周諮不能
揆其宜也非好學深思不能知其故也易有之備物致用作
成器以爲天下利又云以制器者尙其象甚矣器之足以載
道而卽以行道也善其器者貴乎便事而尤貴乎因地隨時

此河工器具圖説一書誠有不容稍緩者爾
見亭河帥巡視南河已閲三載涖工綜務謹慎周詳其于治
河諸書早已偏觀盡識融會貫通而又于所用器具一一爲
之循名核實積久成帙條分縷析綱舉目張即小以見大由
精以及麤溯流以尋源明體以達用燦若列眉燎如指掌是
眞補前賢所未及垂後世以共由上爲
一人佐平成之績中爲四瀆奏安瀾之效下爲百官著考鏡之資
所謂太平之鴻猷不朽之盛業其在斯乎其在斯乎國佐承
乏下僚素蒙訓迪今夏特出是編見示是不以國佐爲不才
也爰請任校勘之役即付剞劂氏公諸天下庶幾哉河政有

全書河防有艮瀘已是爲跋
道光柔兆涒灘陽月同知銜揚糧通判大興王國佐拜撰

海甯念汛大口門二限三限石塘圖說

績谿胡元潔題

光緒三年八月二十二日浙江巡撫部院梅奏摺

奏爲親詣查看海塘接續修築酌擬稍爲變通辦理情形恭摺仰祈

聖鑒事竊浙省仁和海甯所屬海塘工程緊要前撫臣楊奏估銀數八百餘萬兩十餘年來修築撙節動用計銀六百餘萬兩尚有未辦之二限三限魚鱗石塘一千二百四十丈已在前數之內必須接續辦理以竟全工查該段東防所屬距尖山漸近海面更闊地形更低潮勢極猛向遇颶風大汛疊出險工每在該處臣於五月十四日六月初八日七月十七日三次赴工詳細查看二限難於初限三限更難於二限做法工料必須堅益求堅始足抵禦稍涉大意必有冲決之虞海塘志載雍正十三年颶風壞塘工數千丈惟老鹽倉五百丈完好如故係康熙五十四年原任浙江巡撫朱軾所築其法用長五尺厚二尺闊一尺大條石縱橫側立交接處上下鑿成筍槽凡二十層高二十尺近今工料昂貴異常欲覓厚二尺闊一尺長五尺大條石縱不惜重價亦不可多得現在海鹽縣修築購求大石時日甚長而該處估價每丈七百九十兩較之仁和海甯石塘每丈四百八十兩須加三百一十兩之多刻下經費支絀之時臣亦未敢輕議伏查江南松江海塘係乾隆年間原任兩江總督尹繼善所築加用鐵簫鐵筍至今鞏固其奏疏內稱海水吞吐爲力甚大

一石移動全身動搖惟於兩石層累之處各鑿一孔用鐵筍穿合則上下連結於橫石排結之處各於頭尾鑿孔用鐵鋦關住則左右貫穿較之用鐵錠搭釘浮面易脫者相去懸殊等語誠爲篤論臣再四思維並與司道等悉心參酌所有未修石塘一千二百四十丈內二限六百二十丈即須接續修築擬仍照前建復魚鱗石塘以資鞏固惟該處地勢愈低吃潮更重者仍照從前十八層之數必有漫塘之患關繫匪輕議者或謂升高樁木以免加費然根脚不穩更恐難於經久臣復與督辦工員候補道惲祖貽相度形勢再四斟酌非量加層數斷不足以資抵禦茲擬於原定十八層外加高二層計二十層共得高二十尺每石寬一尺二寸厚一尺長自五尺至三四尺不等一切辦法均依舊式惟將塘身丁順鋪砌之牆石外層仿照松江石塘添用鐵簾鐵筍聯爲一氣其鐵簾鐵筍尺寸一律用長四寸逕一寸圍圓三寸一分有奇重約一觔以外皆取平正勻圓熟鐵再石質鑿孔太多恐致損傷省中舊有機器局修造鎗礮等件應酌委員弁及熟習機器匠目參用鋼鑽車孔使石質毫不受傷又條石須加工鏨鑿六面見方表裏平正方可合用近時諳熟石匠頗少工資亦昂約計每丈四百八十兩外須加石鐵工料銀五十四兩二限工程六百二十丈原估銀二十九萬七千六百兩共須增銀三萬

丁三千四百兩卽可敷用臣亦知經費艱難用欵宜求撙節無如地勢如此
不關緊要不敢率意於目前致貽後來之大患除督飭在工各員實心經理
稍准稍有偷減以期實濟一面選購工料定期開辦外所有海塘工程酌擬
爲變通辦理緣由理合專摺陳明伏乞

皇太后

皇上聖鑒勅部查照施行謹

奏

光緒三年九月十五日奉

旨該部知道欽此

光緒五年五月初十日浙江巡撫部院梅奏摺

奏爲東防念汛大口門二限石塘完竣接辦三限工程仍仿照二限工程做法

恭摺奏祈

聖鑒事竊照浙省東防念汛大口門石塘工程一千八百餘丈經前撫臣楊奏估

分作三限辦理初限完工後接辦二限前因地勢愈低吃潮更重經臣察酌籌議於原定十八層外加高二層並仿照乾隆年間原任兩江總督尹繼善松江石塘辦法將塘身丁順鋪砌之牆石外層添用鐵鏽鐵筍上下連結左右貫穿當將酌擬變通辦理緣由奏奉

諭旨欽遵轉行遵辦去後臣不時臨工察勘在工各員弁均能不辭勞苦認眞辦理前署杭嘉湖道梁恭辰吳艾生暨現任杭嘉湖道方鼎銳亦常川赴工督察茲於本年四月十二日據駐工督辦候補道李輔燿稟報二限石塘六百二十丈已於四月初十日全工一律完竣臣於十四日親臨工次查勘每二十丈爲一段六百二十丈共分三十一段當即督同杭嘉湖道方鼎銳等將三十一段字號內簽掣得踐字號一段拆驗做法以數十工匠鐵錘鐵鑽之力莫能搖動因飭石工鑿碎面石一塊始能逐細查驗均各如式並無草率偷減情事益見鐵鏽鐵筍連結貫穿較之鐵錠搭釘浮面易脫相去懸殊其

言信而有徵也次日仍卽添新石一塊安砌完竣復照案飭委布政使增壽前往逐段驗收結報現在三限工程卽須接續趕辦所有做法情形仍擬仿照二限工程辦法一律於十八層之外加高二層並添用鐵鏽鐵筍俾二三兩限石塘一千二百四十丈通工聯爲一氣臣仍當隨時臨工督飭趕辦除嚴飭工員實力承辦外合將念汛大口門二限石塘工竣並接辦三限工程仍仿照二限做法緣由恭摺具陳伏乞

皇太后
皇上聖鑒謹
奏
光緒五年六月初六日奉
旨知道了欽此

光緒五年十二月初十日浙江巡撫部院譚片子
再浙省東塘念汛中段大口門尚有估定應辦三限石塘六百二十丈經前
撫臣梅啟照於
奏報建復二限石塘完竣摺內陳明三限工程卽須接續趕辦所有做法情形
仍擬仿照二限工程辦法一律於十八層之外加高二層並添用鐵錫鐵筍
俾二三兩限石塘通工聯爲一氣等因欽奉
諭旨允准轉行遵辦在案茲查接管卷內據督辦塘工總局司道詳稱查此案三
限石塘六百二十丈內計約字等號應行建復工五百七十八丈最字等號
應行拆修工四十二丈所需木石錫筍各料業據委員分投採辦陸續運工
現已積有成數自應乘時開辦以竟全功據總辦工員候補知府胡元潔申
報前項工程遵卽招集人夫於光緒五年九月十六日設局隨同督辦道員
李輔燿祀土興辦等情核明詳請具
奏前撫臣梅啟照未及核辦移交前來臣復查無異除督飭在事各員弁實力
趕辦一面催儹料物運工以資濟用一俟建築完竣卽行委驗
奏報外合將東塘念汛大口門建修三限石塘現在開辦情形謹附片陳明伏
乞

聖鑒訓示謹

奏

光緒六年正月十九日奉

旨該部知道欽此

光緒七年正月二十六日浙江巡撫部院譚奏摺

奏爲東塘念汛大口門三限塘工告竣謹將字號高寬丈尺用過銀數循案

開單恭摺仰祈

聖鑒事竊照浙省杭州府屬東塘念汛大口門建修石塘柴坝等工經前撫臣楊

飭委勘估

奏准分作三限辦理嗣將辦竣初二兩限石塘等工并接辦三限石塘及提前

辦竣柴坝各緣由先後

奏明在案茲據工員具報三限建修石塘六百二十丈又增長工三丈五尺五

寸於光緒五年九月十六日興工至六年九月十七日完竣經臣飭委候補

道靳邦慶驗收結覆均係如式完固並無草率偷減情事臣親臨覆勘無異

所用工料銀兩亦與原估應增數目相符由塘工總局司道核明開單詳請

循案具

奏前來臣查同治六年前督臣吳棠撫臣馬新貽會勘應辦各工共石塘石坦

等工二萬一百餘丈各項柴工一萬五千餘丈柴盤頭十五座及土工等項

現已一律告竣共用過工料銀六百四十餘萬兩節經開具丈尺銀數

奏報有案此外尚有原議未及之各防舊建石塘續經損裂又西防李汛從前

因有漲沙未建石塘現在沙勢坍漲靡常將來亦宜酌量興築及挑濬備塘
河道等項須俟經費稍裕再行次第興辦所有先後在事出力人員均能實
心經理不無微勞足錄可否仰懇
天恩俯准擇尤酌保以示鼓勵之處出自
鴻慈除飭造具實用銀數細冊繪圖取結另行具
題請銷外合將東塘念汛大口門三限石塘等工字號高寬丈尺用過銀數繕
具清單恭摺具
奏伏乞
皇太后
皇上聖鑒訓示謹
奏
光緒七年三月初九日奉
旨該部知道單併發在事出力員弁准其擇尤酌保毋許冒濫欽此

上椿木圖

救蔡壬申圍遂 上救水圍

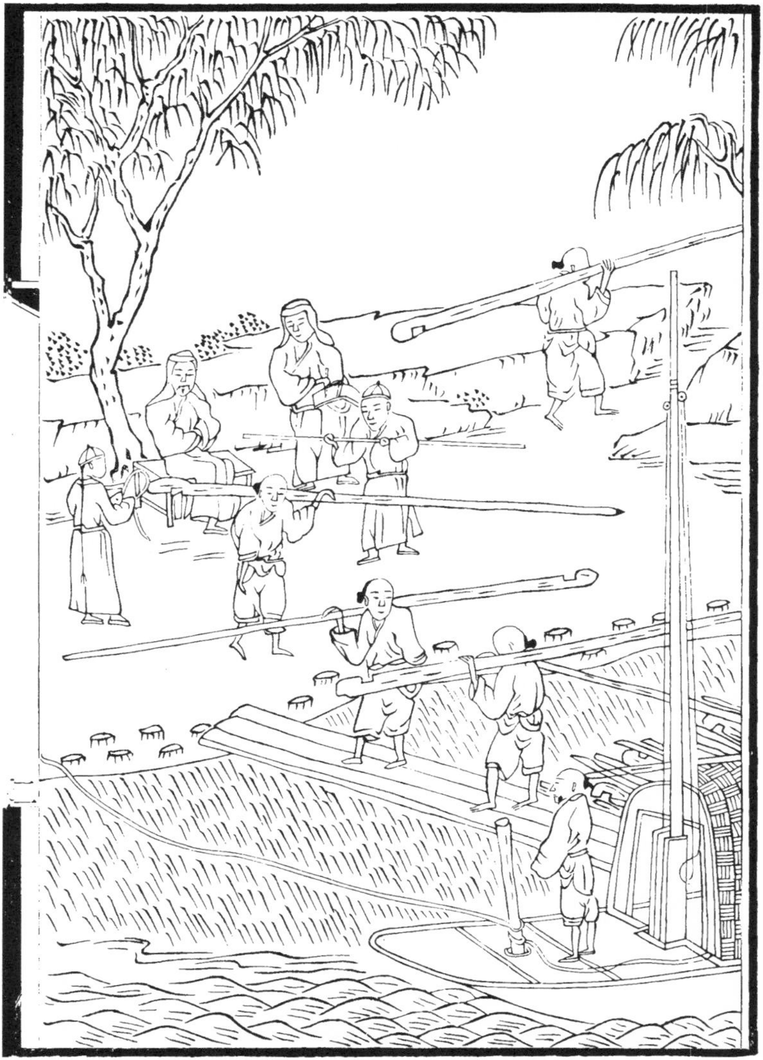

謹按魚鱗石塘吖用椿木採自徽嚴及龍游山中運至錢塘江由水次量驗運解工次專員逐一覆驗圍量如式者收入以備工用凡察木之道欲其堅緻而條直不堅緻無以持久遠也不條直無以爲揞拄也有是者必除

上條石圖

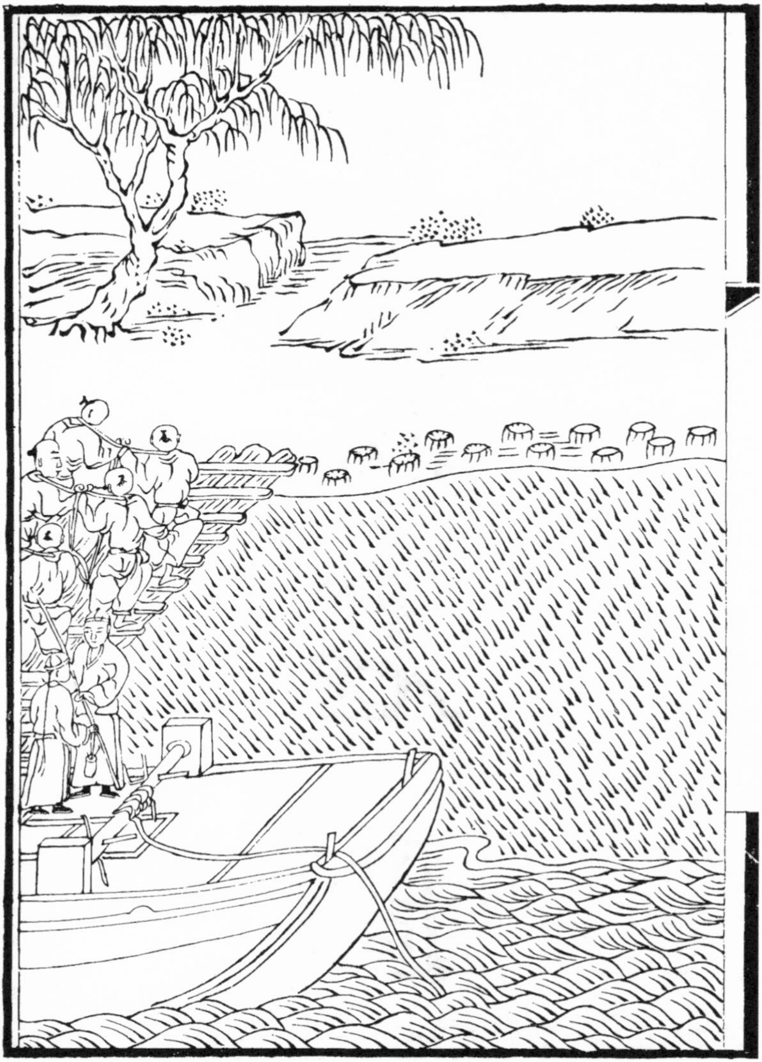

謹按魚鱗石塘所用條石採於甯紹蘇三郡各宕甯之宕有五曰蛇盤山曰道士巖曰小溪曰釣山曰朱家尖以道士巖之石爲堅細可施斧鑿蛇盤小溪釣山稍次之朱家尖石堅而粗用之填肚爲宜紹之宕有三曰洋山曰大洋山曰繞門山以繞門山之石爲堅細甯紹之石皆取道外海乘潮而達蘇石產太湖温潤而澤惜脆嫩不適於用且內河運費繁重故二限三限工程皆停採也凡石厚一尺一二寸寬一尺三四寸長自四尺至七八尺不等量收如式郎督匠鏨鑿以供砌用反是者必除

上石灰圖

謹按魚鱗石塘安砌合縫必用水灰油灰以資膠固其灰採於富陽運至工次專員稱收入廠供用

開槽清底圖

八

謹按開槽淸底面寬三丈有奇底寬一丈六尺深一丈六尺至二丈土夫起土由淺而深一人秉鍬數人或十數人遞土自下而上岸上一人持器如瓢名谽瀉接受拋谽開如式兩岸築茅毛子塘以防坍卸

築子塘圖

謹按槽內兩牆底用茅草築子塘其法貼底開小槽寬二三尺深尺餘用茅草櫛比塡高疊草一層壓土一層或三層或四五層以防岸牆土卸如遇天晴土燥或土性堅結處此工可省後牆坡勢較坦不須築者亦可省

子塘釘護樁圖

築土以軍圖號 去軍圖軍築圖

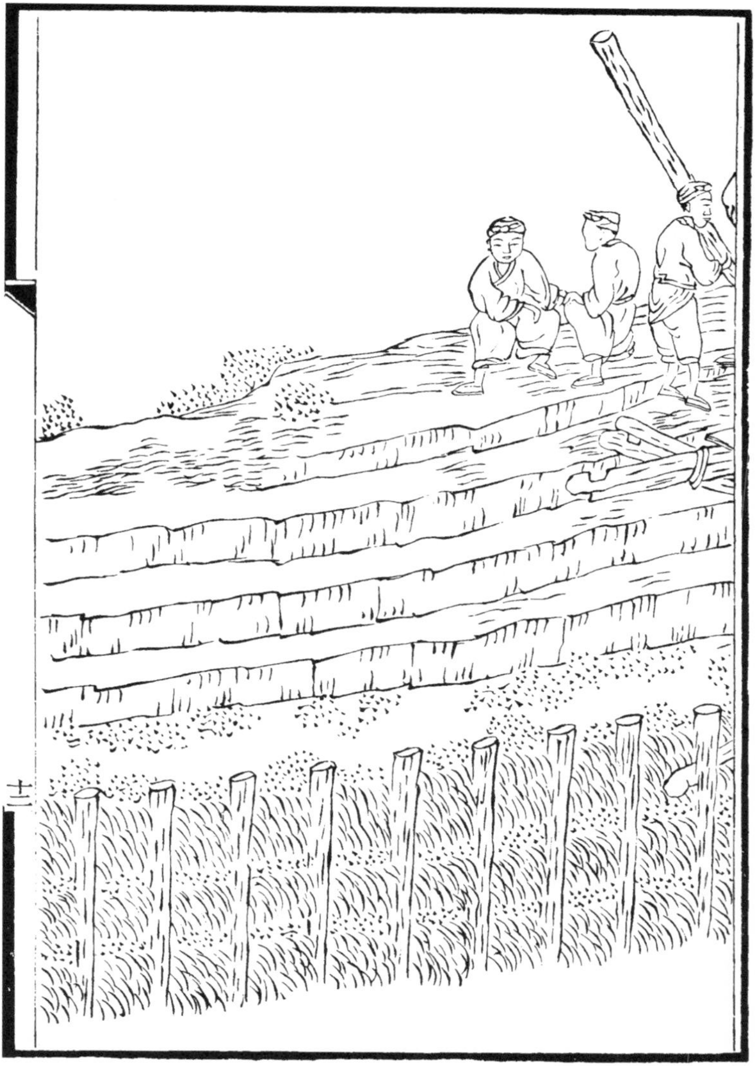

謹按槽內貼底已築子塘須釘鎖口樁每丈五枝至七枝以資攔護後牆子塘槽有餘地不經架木支閣者省

搭樁架圖

矛

敦輦之圖錄　賽躍蹻圖

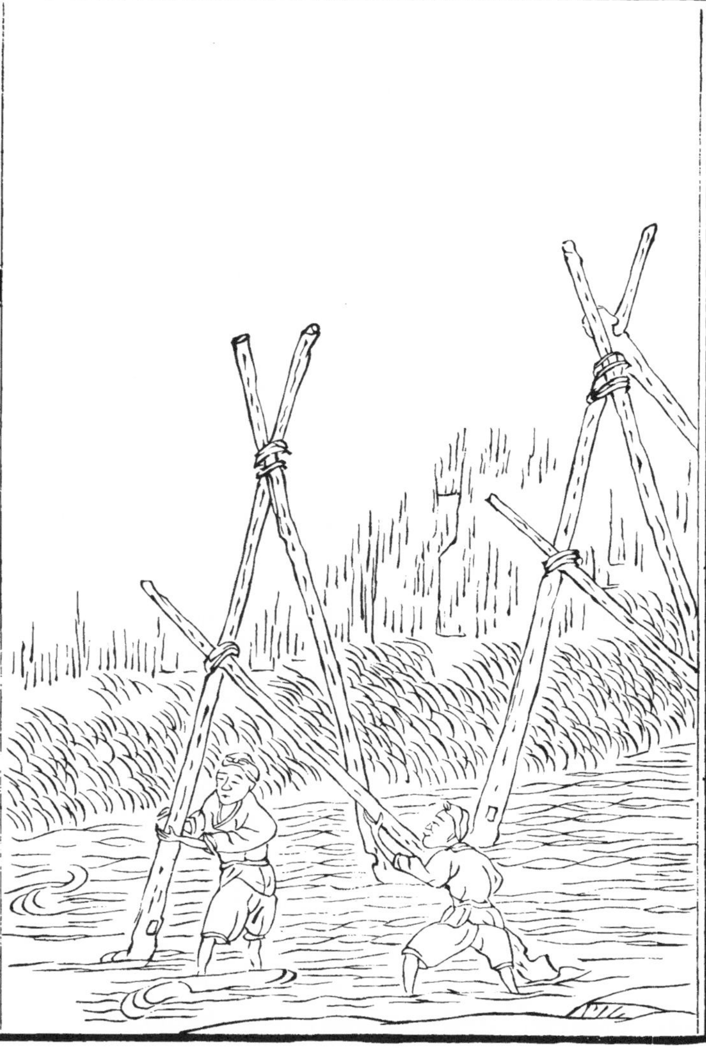

謹按椿架夫搭架之法先用二木紮作乂謂之乂木次紮一木於外乂木之中腰作三脚豎起謂之下海戧後身直豎一木其根脚即紮於下海戧之根末謂之冲天又用一木根上梢下其根閣入乂口梢則紮於冲天之中腰謂之上海戧又用二木一頭平閣於乂口一頭夾冲天之端雙扣紮掛謂之枕頭木是爲之一品其下首更搭一品而於兩品之間前平閣二木紮之謂之前過橋後平閣二木紮之謂之後過橋四乂脚平紮一木謂之前脚段兩冲天脚平紮一木謂之後脚段又於兩冲天之後橫支二木是謂幫戧計搭單架一副用木二十二枝或槽窄處枕頭木即閣土牆之上則冲天上海戧皆可不用單搭一架者兩品兩架連環者三品其有增至數十架者皆視此

槽内車水圖

謹按槽開既深水自潛潴多水則礙工無水復澁樁常令留水尺餘而後揉樁釘樁滑利易下並易測高下令樁平勻故水多則戽之使減水少則蓄之使渟若逢淫雨則晝夜車戽庶無坍牆之患

剅椿圖

謹按石塘底樁定章圍一尺五寸長自一丈六尺至一丈八尺自初限工程定馬牙樁圓徑一尺四寸至一尺七寸長二丈梅花樁圓徑一尺四寸至一尺五寸長一丈八尺專員督匠人鋸去斗頭剷削尖脚於馬牙樁畫〇梅花樁畫乂以别之

秦公簋　秦公簋拓圖

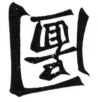

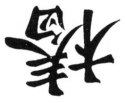

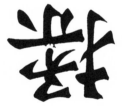

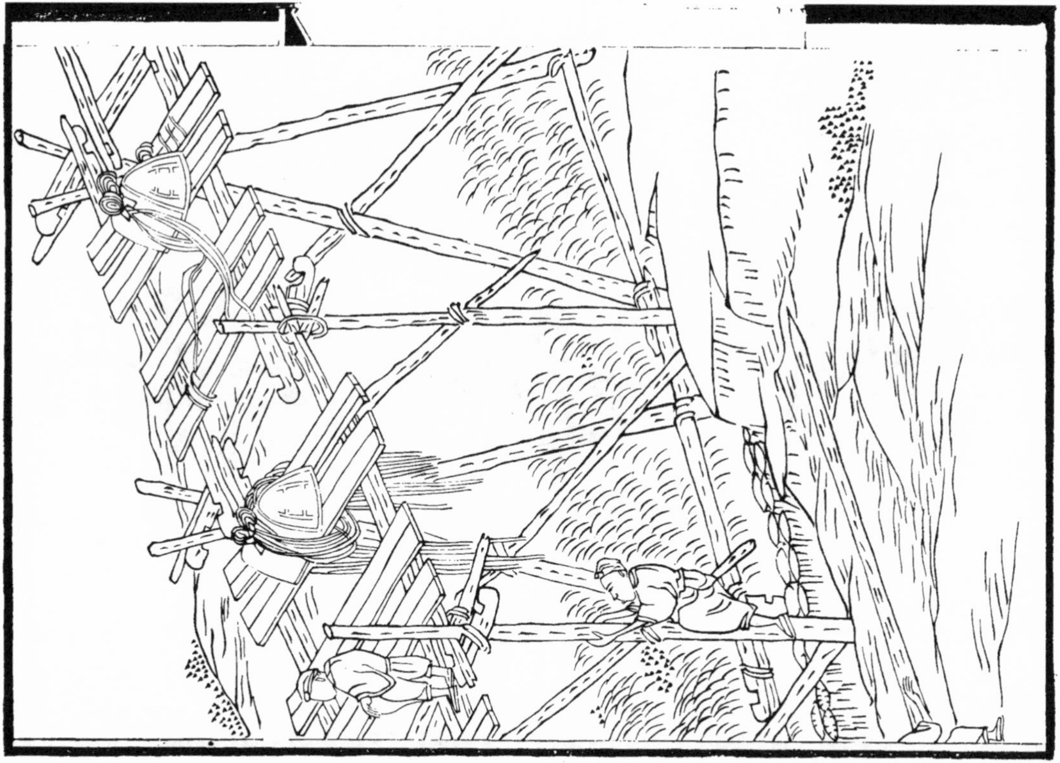

謹按樁架一副架上安雙跳板四架下安單跳板二夫十三人石硪一硪上繫索八樁初上架低樁高硪不能及木巔故用採樁之法法於樁之上段扣索二架下二人按之令下樁之下段扣索四架上四人分立架之四隅提之令上上下互相提按樁尖帶水滑潤卽漸入土約木將與架平乃上硪擊之知此則無論細沙鐵板老沙皆宜

上夯樁圖

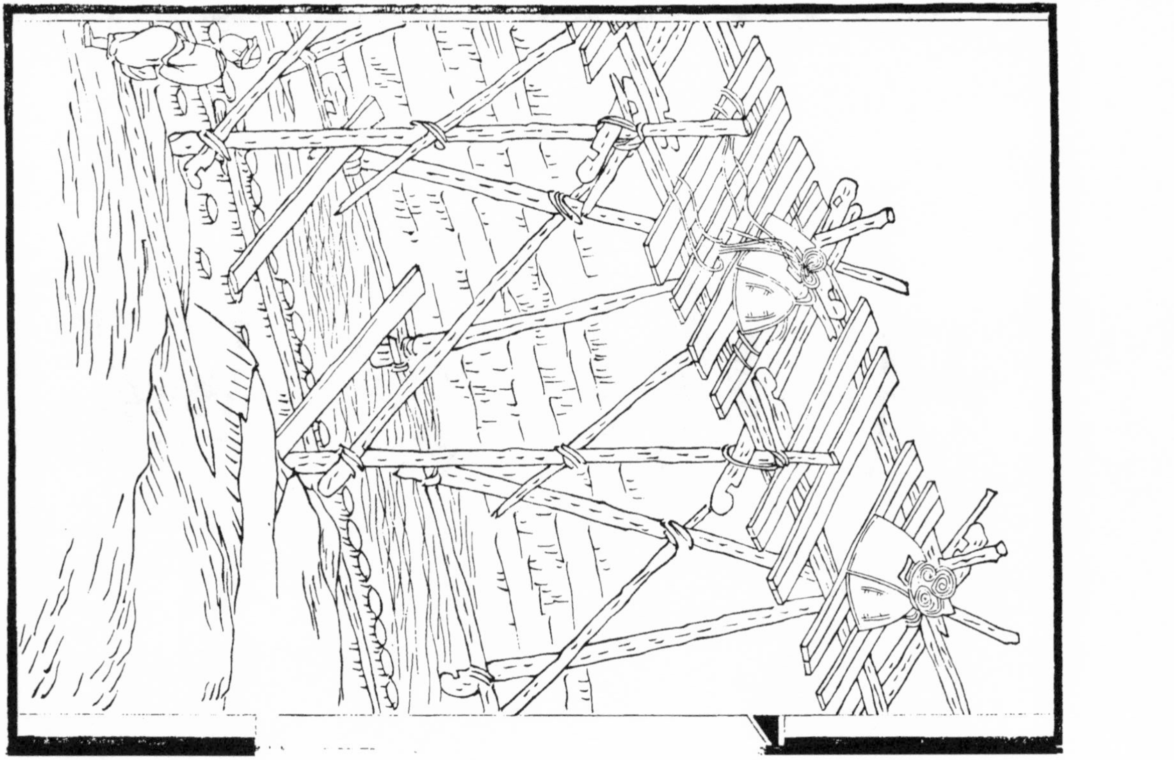

謹按樁既揉之令下架上十人共舉石硪上樁之顚二人握硪兩鼻對面合夯左右各四人分掣八索同起同落架下二人或扶或倚使樁無偏欹是謂上夯硪

下夯樁圖

謹按樁釘入土過半上夯不能着力架下二人握硪接夯是謂下夯硪

填嵌椿花圖

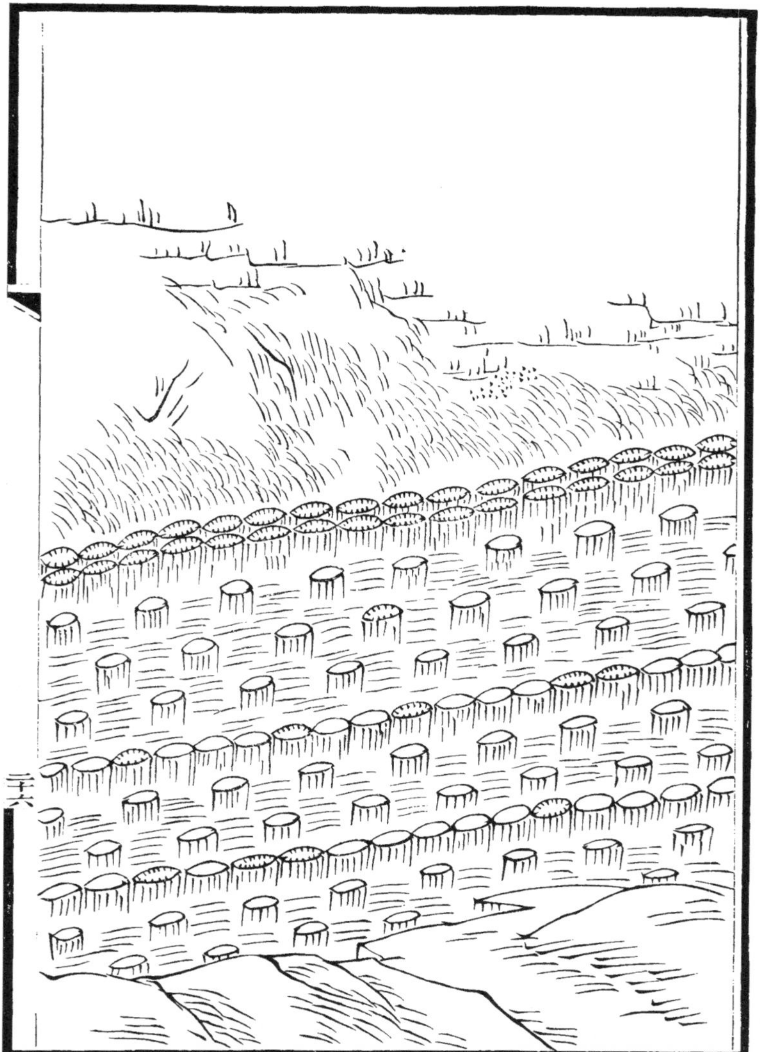

謹按石塘底樁十道前路馬牙雙排樁一道每丈四十枝梅花樁三道每道十枝共三十枝中路馬牙單排樁一道二十枝梅花樁二道每道十枝共二十枝後路馬牙單排樁一道二十枝梅花樁二道每道十枝共二十枝釘樁一丈共樁一百五十枝此定章也槽底樁位寬一丈二尺前馬牙至中單排五尺五寸中單排至後單排三尺五寸後單排至後梅花三尺樁既齊土夫搬運塊石於梅花樁空處逐一塡嵌使無孔隙然後石工鋪底安砌每丈需塊石一方有奇

塹鑿條石圖

謹按條石到工後專員監督石工治之使平厚一尺寬一尺二寸

發灰打油灰圖

煮盐图第二 煮海水为盐图

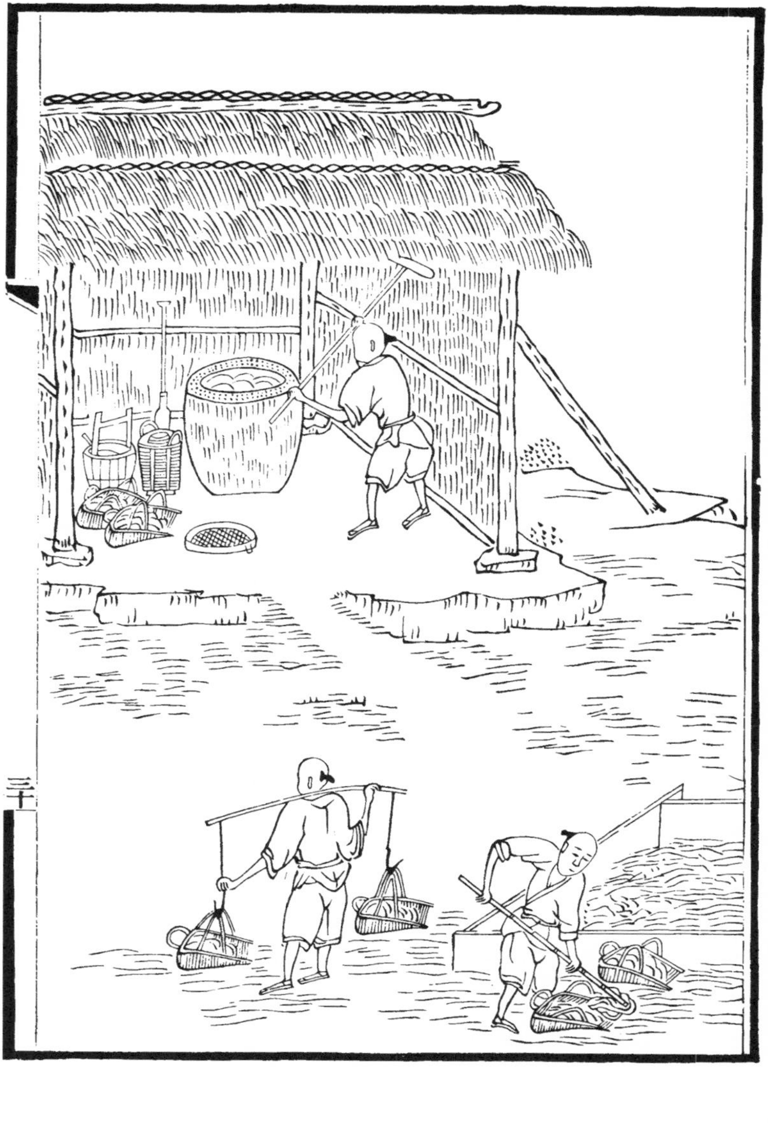

謹按石塘安砌底肋合縫處用灰漿粘合出海光面用油灰抹嵌使一氣膠固水浸不入計每丈用灰八十四石有奇

機器鑽簫筍眼圖

謹按浙江塘工向用錫錠鑿眼亦有定法光緒三年開辦二限工程南昌
梅大中丞仿照松江石塘成法改用鐵簫筍以泰西機器鑽眼五年今
大中丞茶陵譚公莅任開辦三限工程適籌辦海防酌裁各局經費以資挹
注機器所需較鉅故飭停止仍用石工鑿眼

安砌鋪底第一層圖

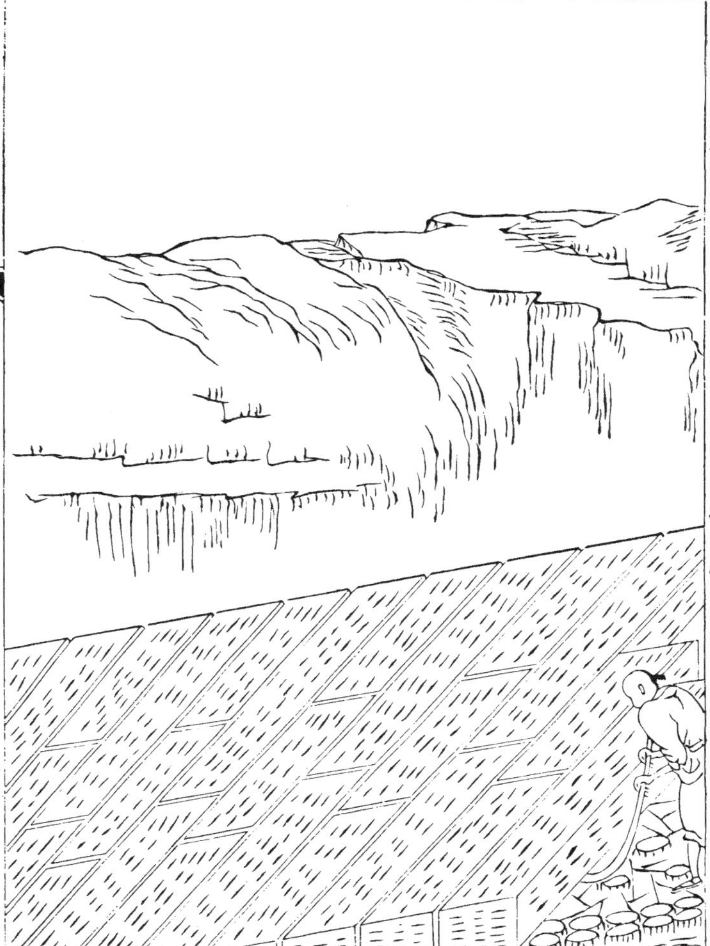

謹按魚鱗石塘鋪底第一層寬一丈二尺用石十丈不鏨光不用灰漿

機器鑽朝天筍眼圖

謹按丁石順石嵌用簫筍既以機器鑽眼其丁順底筍亦用機器三限工亦經
譚大中丞停止仍用石匠鑿眼

安砌順石圖

謹按石塘安砌鋪底第一層全用丁砌第二層出海用順砌墳肚用丁砌其四六八十十二十四十六十八等層均同

圉坐上觀者　緣圉辟坐亀趺

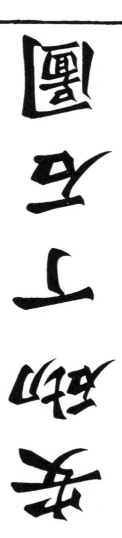

謹按石塘安砌第二層用順砌第三層出海用丁砌填肚用順砌其五七九十一十三十五十七十九等層均同

安砌面石圖

謹按魚鱗石塘第二十層蓋面條石長四尺五寸鏨鑿六面光平與以下十九層出海砌築緊密膠固計二十層魚鱗石塘一丈用寬一尺二寸厚一尺條石一百二十五丈八尺三寸三分三釐鋪底第一層寬一丈二尺用石十丈第二層收分五寸寬一丈一尺五寸用石九丈五尺八寸三分三釐自第二層至第十二層收分均同第三層用石九丈一尺六寸六分七釐第四層用石八丈七尺五寸第五層用石八丈三尺三寸三分三釐第六層用石七丈九尺一寸六分七釐第七層用石七丈五尺第八層用石七丈八寸三分三釐第九層用石六丈六尺六寸六分七釐第十層用石六丈二尺五寸第十一層用石五丈八尺三寸三分三釐第十二層用石五丈四尺一寸六分七釐收至十二層減分五尺五寸實寬六尺五寸第十三層收分四寸寬六尺一寸用石五丈八寸三分三釐自第十三層至第十七層收分均同第十四層用石四丈七尺五寸第十五層用石四丈四尺一寸六分七釐第十六層用石四丈八寸三分三釐第十七層用石三丈七尺五寸收至十七層減分二尺實寬四尺五寸第十八十九二十計三層無收分均用石三丈七尺五寸二層至十二層前收四寸後收一寸十三層至十七層前收三寸後收一寸每收寬一寸核減石八寸三分三釐三毫

築坿土圖

四十四

謹按附土之制高於塘面二尺面寬二丈底寬三丈五尺形如坡陀使易卸水於還土之外隨地勢爲高下使一律平直所以護石塘之後也

填溝槽圖

謹按溝槽之制既還土復隨柴埽遠近地勢淺深爲高寬填築平坦低於而石一尺是爲石塘之前柴埽之後

築行路圖

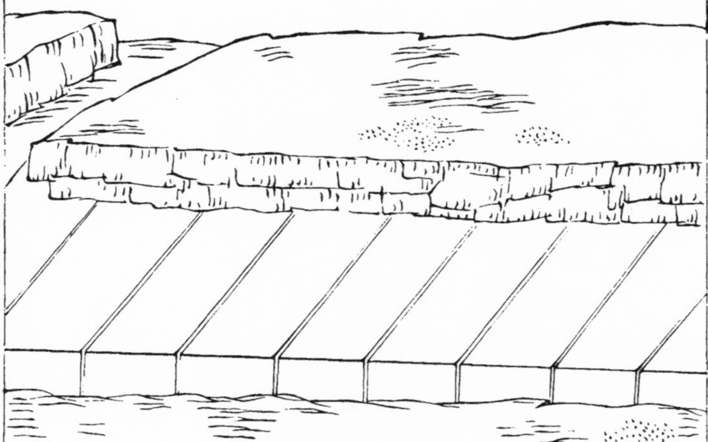

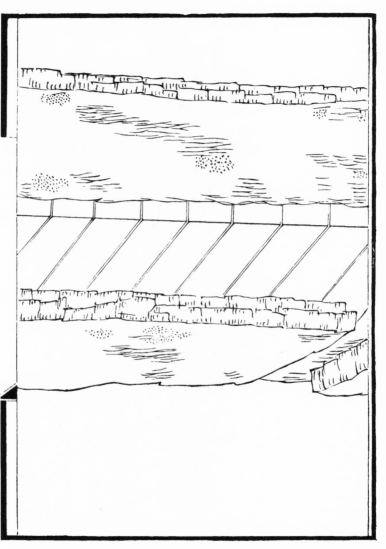

四六

謹按行路之制寬一丈高一尺平塘面石所以利行人也

築土堰圖

謹按土堰之制底寬一丈一尺面寬五尺高五六尺不等臨水工建於附土之後以禦潮之上撲新建石塘外靠埽工因移築埽工之後以護石塘

全塘工竣圖

謹按念汎二限三限新建魚鱗石塘一千二百四十丈外靠柴埽於柴埽行路之後築土堰次溝槽次行路次塘身塘後附土每二十丈豎碑一如全塘之制自綺字號至宗字號計六十二號除用籪筍外工均如初限

鐵簫筍圖

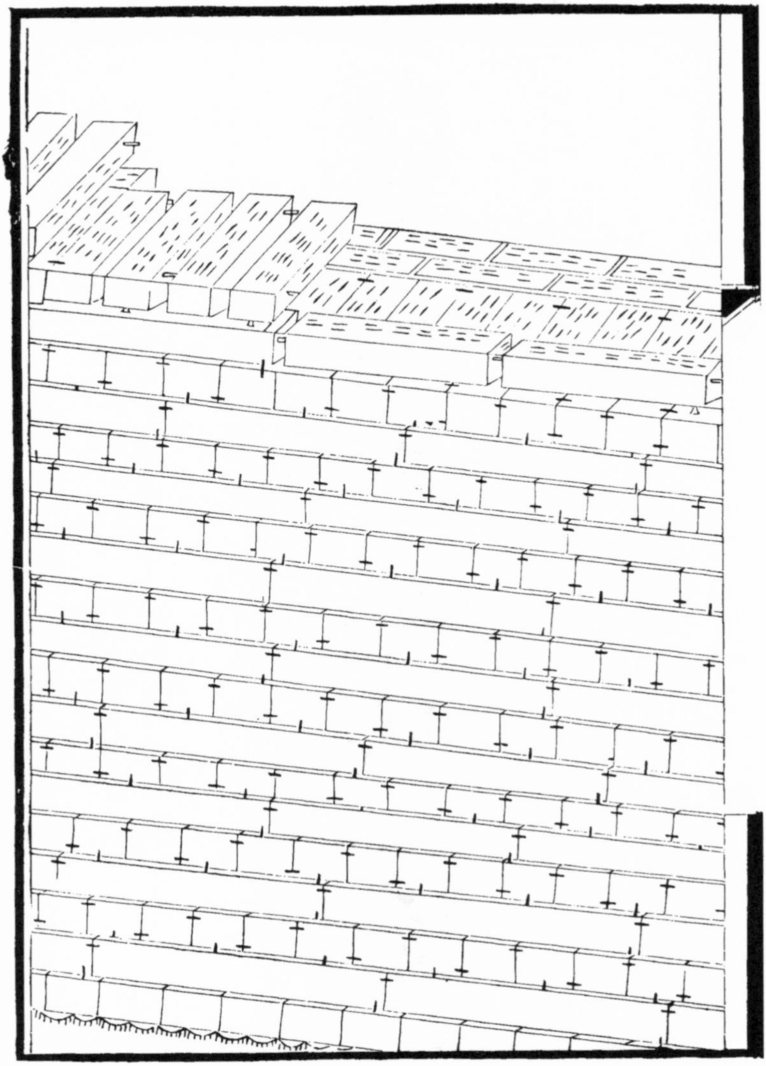

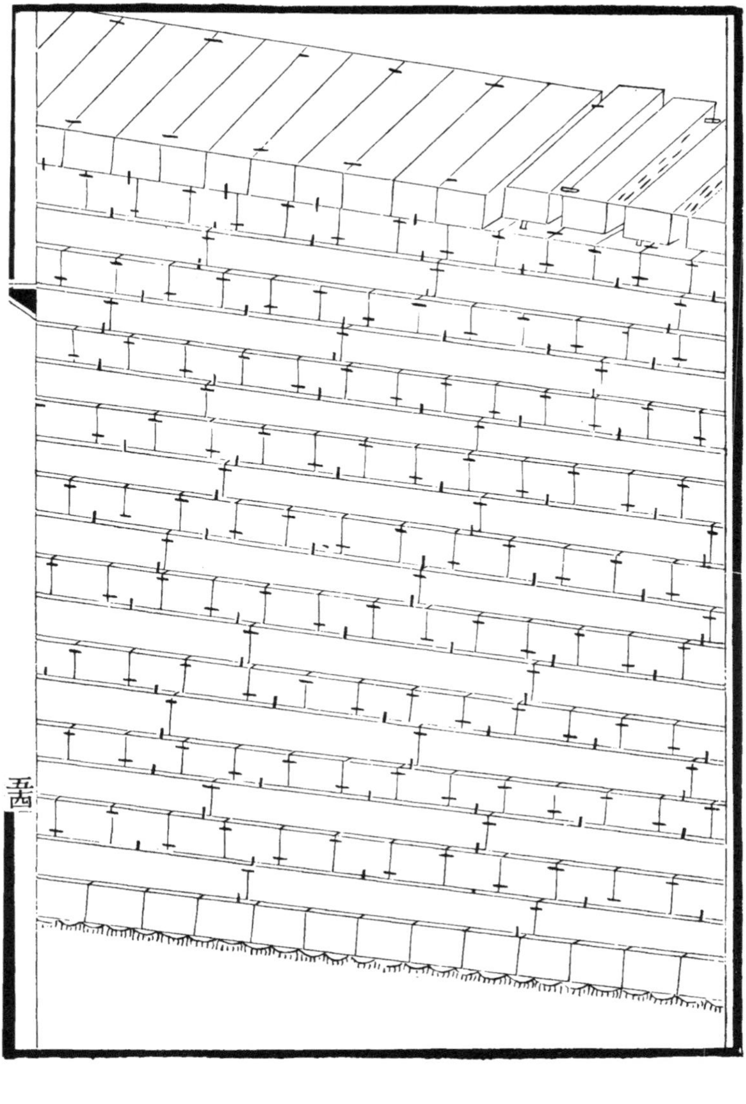

謹按鐵籥筍之制順石之兩端用籥其一端底用筍每順石一用籥筍各一箇自二層至十八層計九層每層每丈二石共十八石用籥筍各十八箇丁石兩肋前後用籥間一石用底筍蓋塘亦同每丁石二用籥二箇筍一箇自三層至二十層計十層每層每丈八石半共八十五石用籥八十五箇筍四十二箇半每工一丈共用籥一百三箇筍六十箇半橫者爲籥豎者爲筍一器而二名也皆鐵製長四寸徑一寸圍圓三寸一分有奇

鐵錠鍋圖

瓦工蓋首圖（之一）

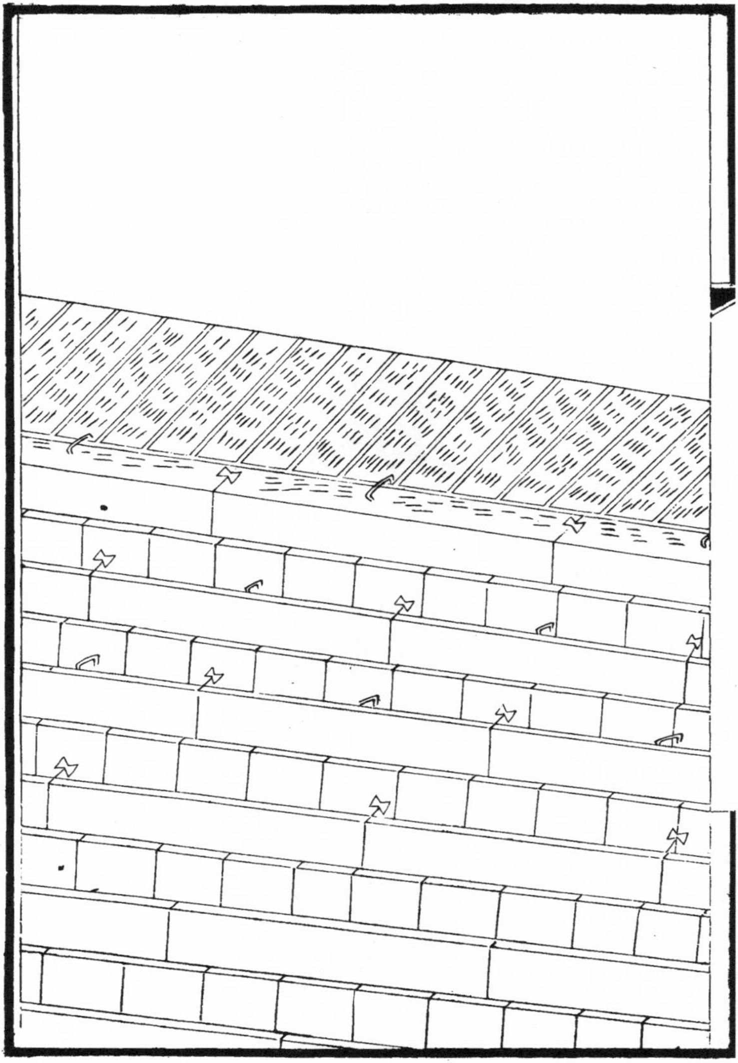

鐵錠鋦圖

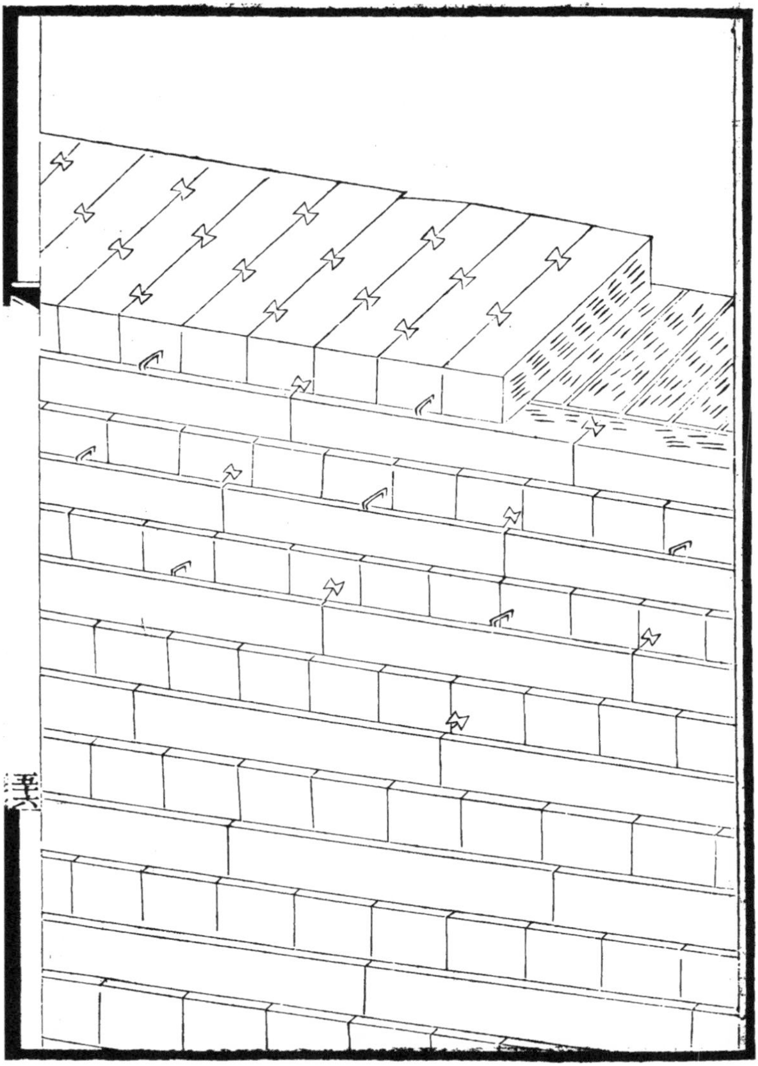

謹按魚鱗石塘原制自十層至十六層順石每層扣生鐵錠二箇於兩頭接縫處熟鐵鋦二箇於中腰扣住塡肚蓋塘條石扣生鐵錠二路計十六箇如十層屬丁十一層順則自十七層起自用鐵鏞筍鑿嵌石中錠鋦遂置不用

圖

首

器

羊

干

圖首器羊干　敔乍寶尊圖

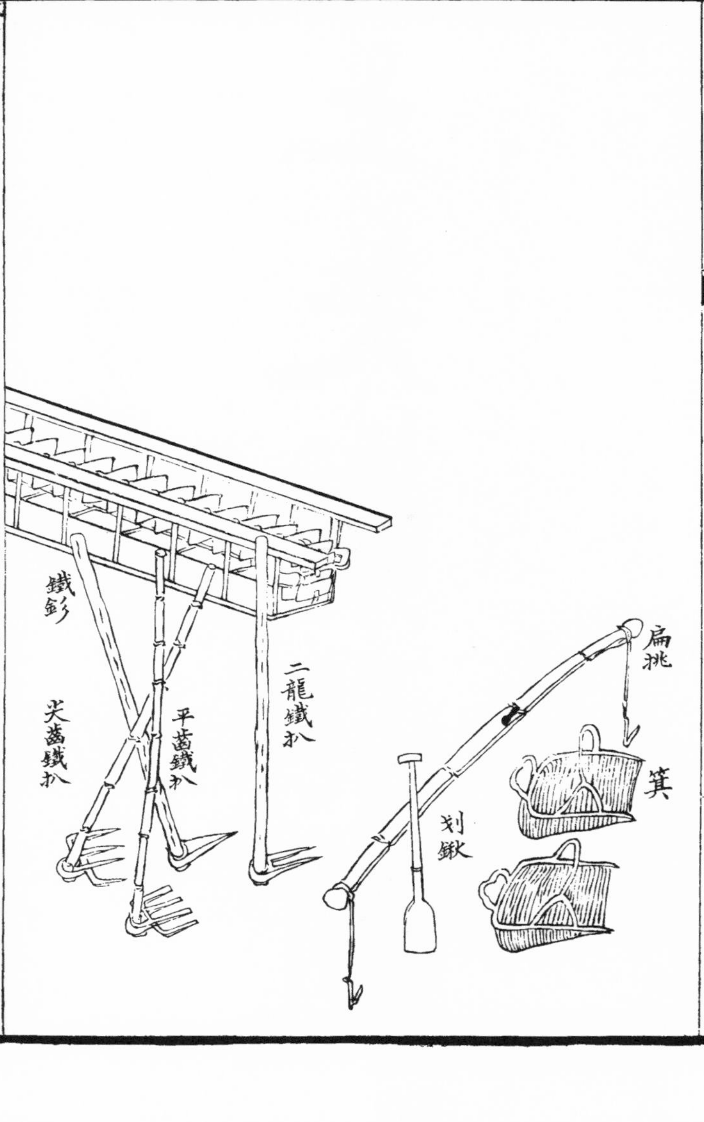
鐵錗
尖齒鐵扒
平齒鐵扒
二龍鐵扒
扁挑
箕
划鍬

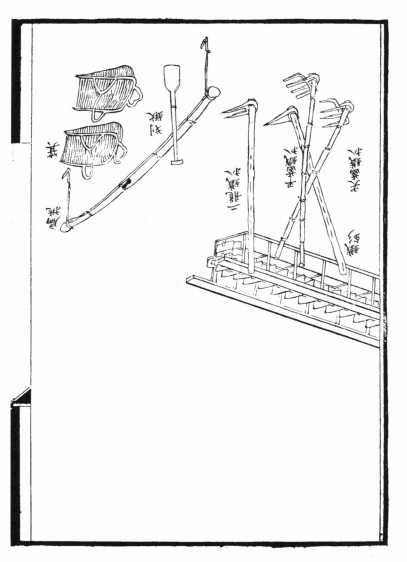

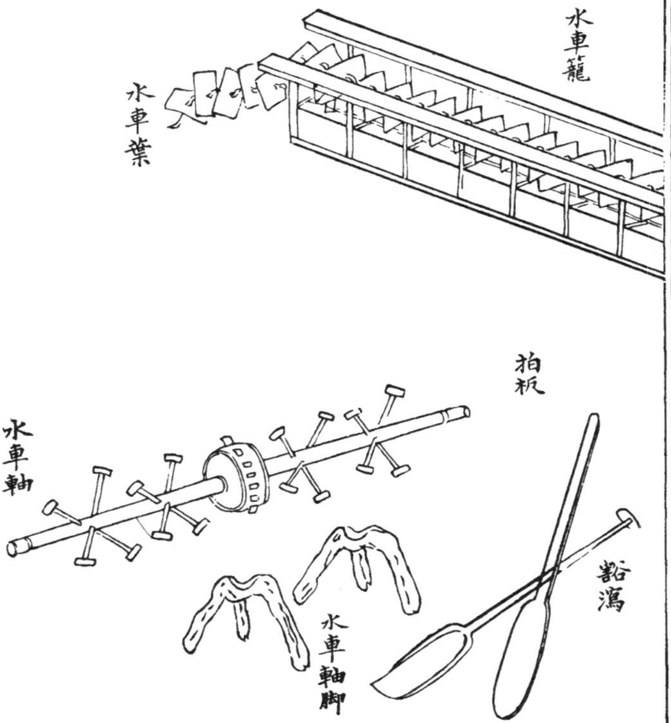
水車籠
水車葉
拍板
水車軸
水車軸脚
豁瀉

謹按土夫之器十有三曰划鍫制如槳木柄長二尺鐵鏟長七八寸寬五六寸利起土曰箕曰扁挑均竹製是爲挑土之器尺寸無定制曰釤子如鋤而鋭長七八寸木柄長四五尺遇巨石攻之老木刊之曰平齒釘扒曰尖齒釘扒皆鐵製竹柄長三尺有奇小於田器三分之一平齒利薙草尖齒利破塊曰二龍鐵扒制如釘扒而二其齒利於翻剔小石樹根之用曰豁瀉木製式如長柄瓢接土塊以拋豁者曰拍板細柄長三四尺土有凹凸者平之曰水車籠長一丈有奇高一尺寬八寸葉數十軸脚二凡車水開溝放水皆土夫之事

木廠器具圖

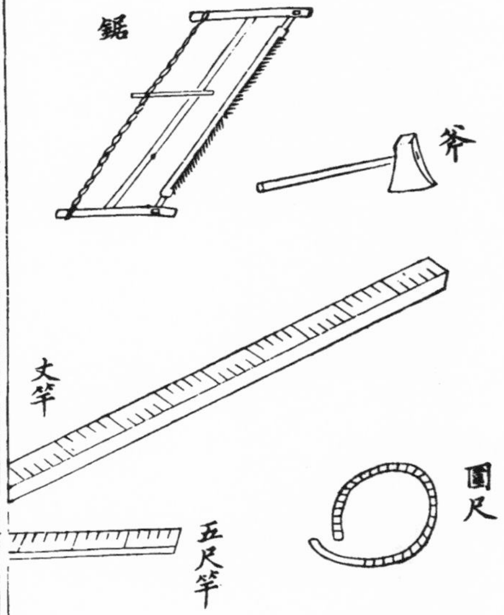
鋸
斧
丈竿
圓尺
五尺竿

三脚馬

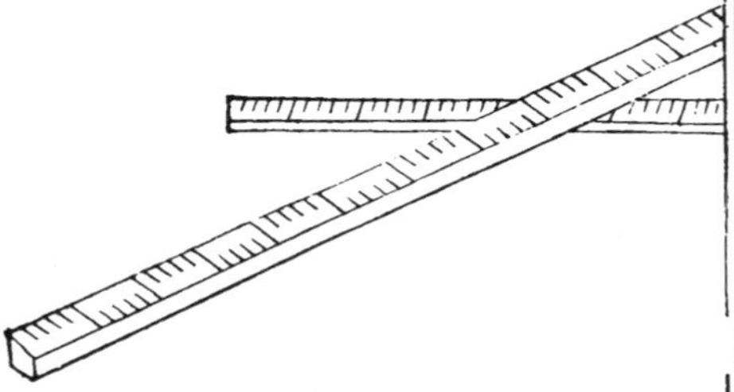

謹按木廠之器有六曰丈竿長一丈濶三寸厚一寸五分遵乾隆六年工部
庫校準營造尺式曰五尺竿制半之以量木與各工曰圍尺藤爲之以量木
之圍圓曰斧曰鋸曰三脚馬皆常製其餘木工之器工次無所用故不書

椿架夫器具圖

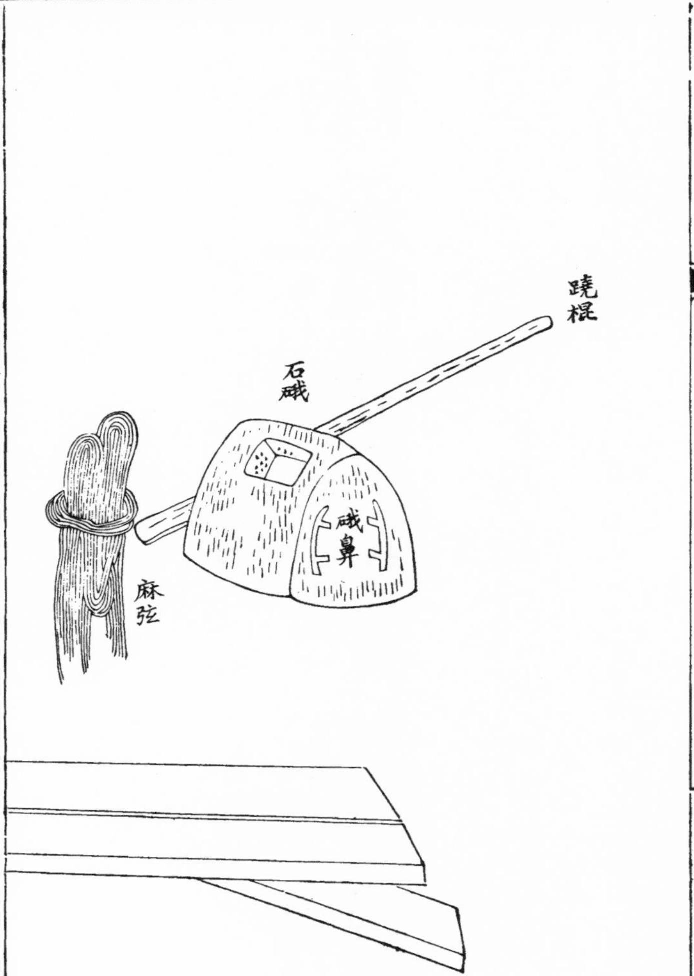

蹺棍
石硪
硪鼻
麻弦

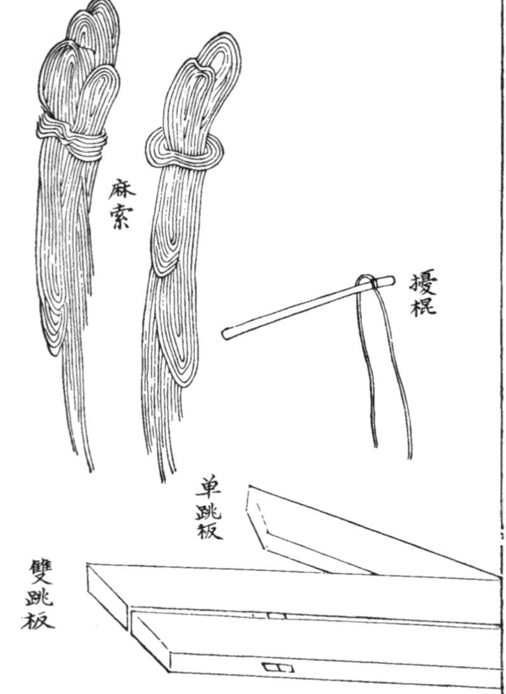
麻索
擾棍
单跳板
雙跳板

謹按樁架夫之器有七曰石硪以堅石爲之重百觔或八九十觔高一尺二三寸長一尺四五寸上圜而稍銳底方平而稍凸寬一尺兩端各鑿小眼四安兩握把便於舉硪是爲硪鼻上鑿大孔方徑五寸通兩邊以穿索是爲打樁之器曰麻索以麻絞成之粗徑寸長二丈每硪用八條曰麻弦稍細於麻索以紥架木者曰擾棍其端有鑿口嵌細麻索麻弦圍紥架木以擾棍絞之使麻與木固結也曰雙跳板寬一尺長八尺厚四寸安於架之上其數四曰單跳板寬五寸長厚如之安於架之下其數二皆所以受人也蹺棍木爲之長七八尺釘樁時緊逼樁身使直下無偏倚

擡班夫器具圖

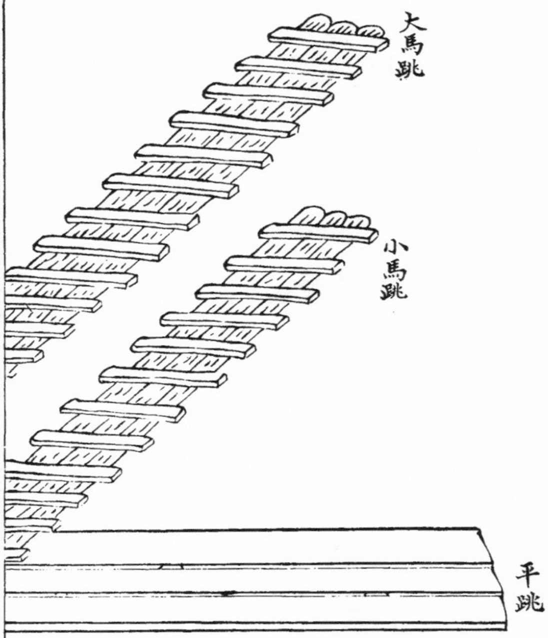
大馬跳
小馬跳
平跳

河圖

縂縛士繩 縛士

縂圖卷之上 竹棚架圖

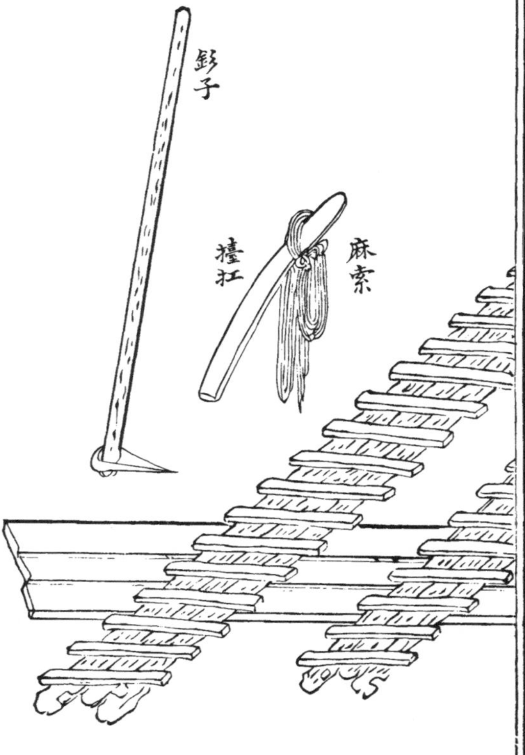

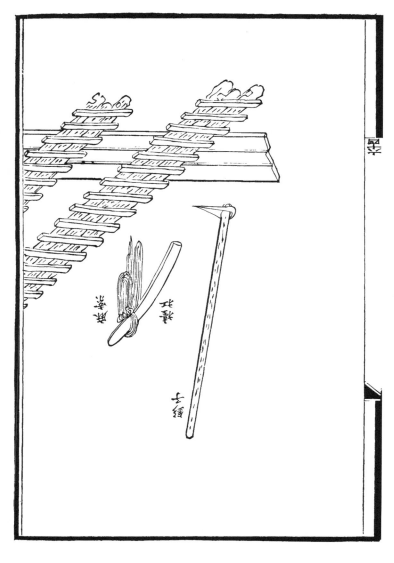

謹按擡班夫受值於採石之員條石之長者用六人或八人短者四人一杠一索二人謂之扛索一副石之長而重者加腰索一二副所以取石也大馬跳二十四級至三十餘級不等小馬跳十四五級至十七八級不等每一級高八寸平跳無釘級大者六木小者三木合成之濶均一尺五六寸長一丈五六尺及二丈不等以兩乘爲一副跳板之用視潮之大小以爲用彴子用以挽石套索製與土夫石匠所用同

灰廠器具圖

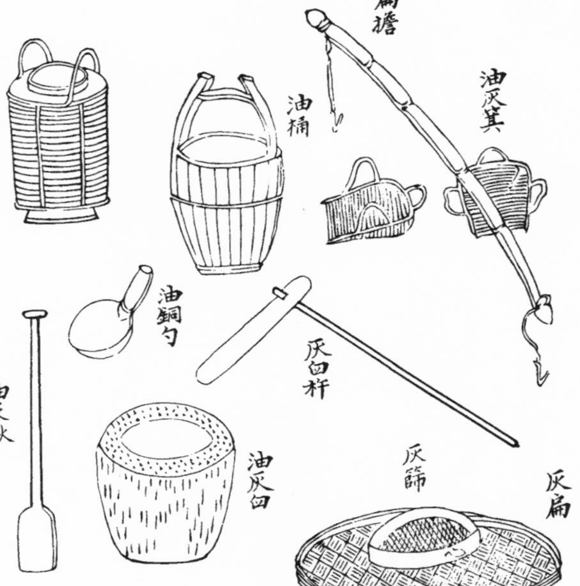
扁擔
油灰箕
油桶
桐油簍
油銅勺
灰臼杵
油灰鍬
油灰臼
灰篩
灰扁

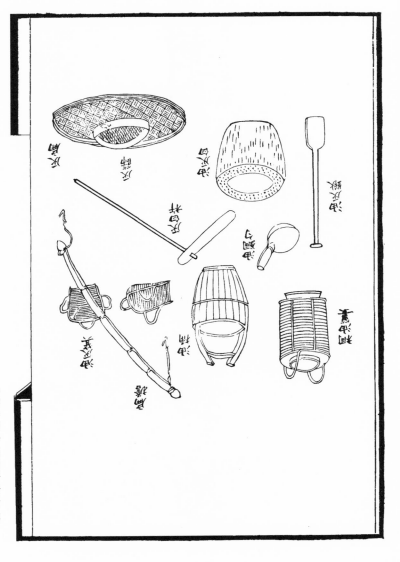

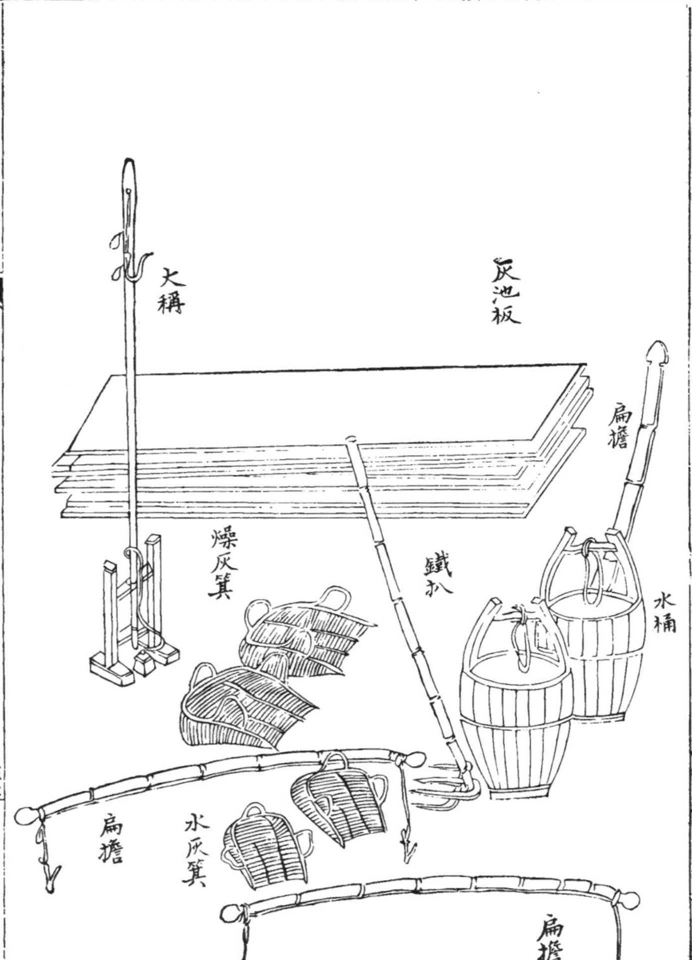
大稱
灰池板
扁擔
燥灰箕
鐵扒
水桶
扁擔
水灰箕
扁擔

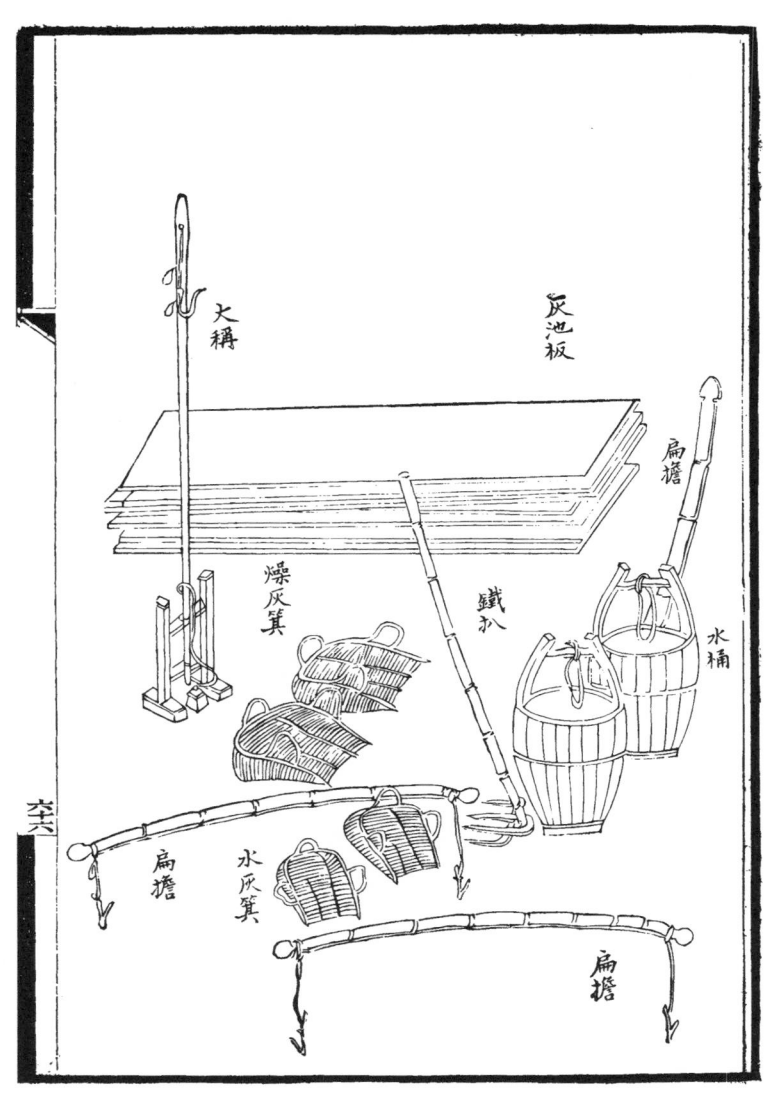

謹按灰廠專石灰之事設大稱以權灰入之數如常制設灰扁灰篩以去灰中之砂築灰池坎地七尺以木板八塊四牆四底爲池以水入灰鐵扒擾令稠扒如土夫之所用設杵臼以桐油入灰搗令成膠杵臼如常制銅勺所以出油鍬所以和灰與油鍬之制如划鍬灰箕油簍扁擔皆竹製桶皆木製

石匠器具圖

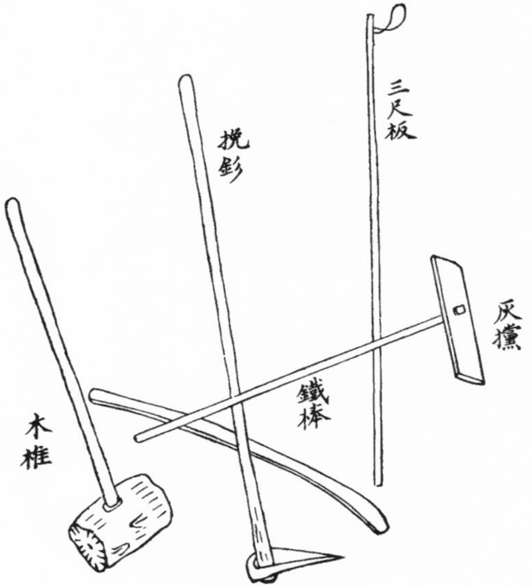
三尺板
挽釤
灰攩
鐵棒
木椎

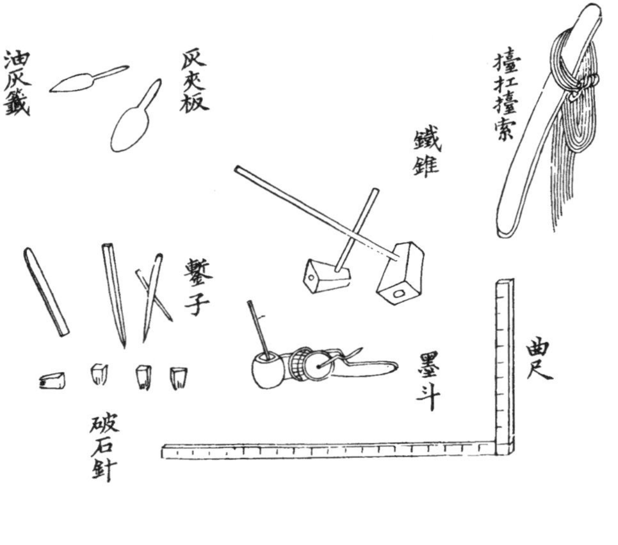
撞扛撞索
鐵錐
灰夾板
油灰籤
鏨子
曲尺
墨斗
破石針

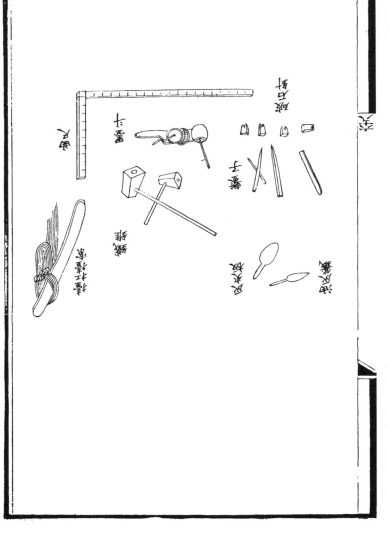

謹按條石到工石工相其材以爲若者可爲丁石若者可爲順石若者可爲蓋塘之石若者可爲塡肚之石相旣定於其長者先以破石針斷之法於石上排鑿四小孔孔加一針持椎遞擊卽依脉分裂乃以曲尺定其短長而察之墨線然後乃施鏨鑿由粗以及精故其椎鏨有大小之別焉三尺板所以量石資擡扛擡索之力以達於安砌之所鋪以水灰而以灰擶平之加石於上乃以挽釤鐵棒逼之使石石相依復以大木椎奮擊無少罅隙而猶慮其石縫之或未齊也復以油灰細入之令剛柔相克則灰夾板油灰籤之用向矣破石針長二寸曲尺墨斗椎鏨皆如常製鐵棒大盈握長三尺餘灰擶板長二尺寬五寸柄長三尺木爲之三尺板長三尺竹爲之大木椎以老樹根作段鑿眼入長柄製不一灰夾板以木油灰籤以竹寬四寸長五寸有柄籤制稍狹鐵釤與土夫所用同擡扛擡索與擡班夫所用同

跋

海塘爲浙西保障自兵燹失修多有坍拜大府先後請帑興修重民命也海甯念里亭汛大口門塘後工長一千八百六十丈前中丞石泉楊公奏請分爲三限建築余於戊寅春仲改官來浙適惲杏雲前輩祖貽駐工督辦初限已竣二限經始杏雲以權温處道去前中丞小巖梅公檄余代之至庚辰冬初三限皆告成奔走工次亦越三年於工築情狀目識之而言不能盡也爰屬寶山袁霓笙少府爲之圖等爲三十四幅幅系以說吳孫歡伯司馬方分守東防見之以爲可存慫恿付梓不賢識小聖門所譏重違司馬意乃授歙駉氏刻既成因誌其緣起而列同役者姓氏於後葢仿古者題名廨壁之義以不忘共濟之美云

光緒七年辛巳冬月湘陰李輔燿幼梅氏識

二品頂戴補用道浙江候補知府績谿胡元潔字練溪

三品銜候補知府署杭州府東防同知聊城靳芝亭字藺友

三品銜補用道候補知府杭州府東防同知吳孫憙字歡伯

補用知府浙江候補同知歙程守謙字六皆

補用同知浙江候補知縣鄱陽石家麟字雲亭

知州銜浙江候補府經歷武進徐星鉞字畹生
補用知縣浙江候補府經歷世襲雲騎尉桐城龍騰霄字鶴友
補用知縣浙江候補府經歷吳吳元慶字濬川
理問銜浙江候補府經歷上元吳邦基字萊伯
浙江候補府經歷績谿余芳字芸齋
五品銜補用知縣浙江候補府經歷湘陰楊其緯字晴峯
補用知縣浙江候補府經歷通州龔廷玉字嘉生
補用知縣浙江候補府經歷安福江景桂字秋查
浙江候補府經歷榆次張炤字初白
補用知縣浙江候補縣丞丹陽何維明字梧堂
五品銜補用知縣浙江候補縣丞無錫鄒壽祺字靜山
五品銜浙江候補縣丞武進唐際清字聲甫
理問銜補用知縣浙江候補縣丞善化秦觀榮字星泉
補用知縣浙江候補縣丞涇胡有燦字子霞
理問銜浙江候補縣丞祥符吳佑孫字殿英
六品銜浙江候補府照磨荆溪吳錦標字慎齋

補用縣丞浙江候補府照磨宛平朱毓英字子清
補用縣丞浙江候補縣主簿江都王錫瓚字瑟生
州同銜補用主簿浙江候補巡檢江甯何兆溥字小雨
理問銜浙江候補巡檢寶山袁鎮嵩字霓笙
浙江候補典史涇周錫昌字膺三
遊擊用浙江候補都司海甯周金標字萊圃
補用都司浙江海防營守備海甯蔡興邦字春亭

者，有宜於今而無異乎古者，其稱名也小，其利用也繁，日積月累，緝爲一編」，遂成《河工器具圖説》一書。是書分宣防、修濬、搶護、儲備四卷，繪圖一百四十五幀，收入河工器具二百八十九種，以圖譜形式詳述治河工程器具的名義、沿革、構造、使用，填補了歷來缺少系統河工器具專書的空白。《河工器具圖説》在郭成功《河工器具圖》的基礎上總結了河工器具的使用情況，是研究古代水利、建築、科技的重要著作。

《海寧石塘圖説》，全名《海寧念汛大口門二限三限石塘圖説》，鄭振鐸《中國古代木刻畫史略》作《海寧塘工圖》。全書一册不分卷，李輔耀纂輯，袁鎮嵩繪圖，胡元潔題篆，武林任有容齋刻。李輔耀（一八四八—一九一六），字補孝，號幼梅、定叟，晚號和定居士，湖南湘陰人。光緒丙子副貢，官浙江候補道，累官至中書。善繪事，工篆書。

有清一代，甚爲重視錢塘潮患，清廷出内帑興修海寧石塘，自康熙朝起，歷朝均有修舊補築。念汛，即念里亭汛。念（廿）里亭，在海寧城（海寧城舊在鹽官，今移駐硤石）東廿里處，故名。念里亭凸出舊塘里許，是抵禦海潮險要之地，爲海寧城左臂。陳訦《海寧縣海潮議》云：「廿里亭塘拓出則城不危。」念里亭石塘首當其衝，屢受潮難。《管庭芬日記》曾記道光十年（一八三〇）七月，潮水大溢，「廿里亭石塘損百餘丈，淹廬舍數十間，新塘内數里秋收一

出版説明

「古刻新韻」叢書輯录歷代版畫精品，以小精装、珍賞版的形式展現版畫之美。版畫是中國傳統藝術的重要品種，反映中國歷代禮制、名物、科技、文學、藝術等，是「美麗中國」的圖像庫。「古刻新韻」精選宋元明清内容經典、版本精良、畫面美觀的版畫呈獻給讀者，在數字讀圖背景下使讀者感受「中國式圖像」的神韻與魅力。

《河工器具圖説》四卷，完顔麟慶纂輯。完顔麟慶（一七九一—一八四六），字伯餘，又字振祥、佛寮等，號見亭，自署長白麟慶，滿洲鑲黄旗人。麟慶生於「金源世胄，鐵券家聲」之家，七世祖達齊哈以軍功「從龍入關」。嘉慶十四年進士，授内閣中書，升兵部主事，歷任河南開歸陳許道、河南按察使、貴州布政使、湖北巡撫、江南河道總督兼兵部侍郎、都察院右副督御史、兩江總督等。道光十三年，麟慶任江南河道總督，巡視河務十年之久，時稱河帥，《河工器具圖説》即其任内所成。

麟慶政暇之餘，「於祁寒暑雨，周歷河壖，每遇一器，必詳問而深考之。有專爲乎工而别立主名者，有不專爲乎工而修而兼用者，有類於古而實創自今

圖書在版編目（CIP）數據

河工器具圖説（外一種）/（清）完顏麟慶等著．-- 杭州：浙江人民美術出版社，2015.8
（古刻新韻六輯）
ISBN 978-7-5340-4528-8

Ⅰ．①河… Ⅱ．①完… Ⅲ．①水利史－中國 Ⅳ．①TV-092

中國版本圖書館 CIP 資料核字 (2015) 第 207024 號

責任編輯：霍西勝　呂逸爾　張金輝　余雅汝
裝幀設計：呂逸爾
責任印製：陳柏榮

河工器具圖説（外一種）〔清〕完顏麟慶等

出版發行　浙江人民美術出版社
地　　址　杭州市體育場路347號
電　　話　0571-85176089
網　　址　http://mss.zjcb.com
經　　銷　全國各地新華書店
製　　版　杭州美虹電腦設計有限公司
印　　刷　浙江海虹彩色印務有限公司
開　　本　787×1092　1/32
印　　張　15.375
版　　次　2015年8月第1版・第1次印刷
書　　號　ISBN 978-7-5340-4528-8
定　　價　64.00圓

古刻新韻 輯六

河工器具圖説（外一種）

〔清〕完顔麟慶等

浙江人民美術出版社